山地资源环境与经济发展系列

三峡库区(重庆段)生态环境综合研究

李月臣　刘春霞　汪洋　杨　华　著

U0311336

科学出版社

北京

内 容 简 介

本书在生态环境研究的理论和方法的指导下，借助遥感与GIS等现代地理信息技术的支持，以三峡库区（重庆段）为研究区，对其生态环境现状、生态环境敏感性、生态环境服务功能进行了评价；研究了三峡库区（重庆段）生态环境容量与区域配置问题；科学划分了研究区生态环境功能空间分区，并提出了调控措施与方法。研究有助于提高对三峡库区（重庆段）这一典型的区域生态环境问题的基本规律及其内在机制的认识和理解，对推动区域生态环境治理具有借鉴意义。

本书适合于水利、环境保护、林业、国土、经济管理等部门的工作人员，以及相关科研院所和高校的科研人员、教师和学生参考和阅读。

图书在版编目(CIP)数据

三峡库区（重庆段）生态环境综合研究 / 李月臣等著. —北京：科学出版社，2015.2
（山地资源环境与经济发展系列）
ISBN 978-7-03-043106-6

Ⅰ.①三⋯　Ⅱ.①李⋯　Ⅲ.①三峡水利工程-生态环境-研究-重庆市　Ⅳ.①X321.271.9

中国版本图书馆 CIP 数据核字（2015）第 022523 号

责任编辑：韩卫军 / 责任校对：唐静仪
责任印制：余少力 / 封面设计：墨创文化

科 学 出 版 社 出版

北京东黄城根北街16号
邮政编码：100717
http://www.sciencep.com

四川煤田地质制图印刷厂印刷
科学出版社发行　各地新华书店经销

*

2015 年 3 月第 一 版　开本：720×1000 B5
2015 年 3 月第一次印刷　印张：10 1/2
字数：220 千字

定价：69.00 元

本书由以下项目联合资助出版

· 2013 年重庆师范大学学术专著出版基金

· 国家自然科学基金（41201133）

· 国家自然科学基金（51308575）

· GIS 应用研究重庆市高校重点实验室科研基金

· 地理学重庆市"十二五"重点学科基金

· 资源环境与生态建设重庆市高校创新团队科研基金

· 重庆市博士后特别资助基金项目（渝 XM201102001）

· 重庆市气象局开放基金项目（KFJJ－201103）

前　　言

　　生态环境系统是人类赖以生存和发展的空间。随着社会经济的发展以及人口增长的压力，人类对自然生态环境系统的影响范围和强度都在不断加大，区域生态环境问题日益突出。生态环境恶化严重威胁着人类的生存环境和社会经济的可持续发展，因此已成为国际相关领域研究的前沿和热点。生态环境问题具有很强的地域性和综合性，时空异质性特征突出，因此探讨典型地域生态环境问题，对维持区域生态安全、保护区域生态环境、保障区域的社会经济可持续发展具有重要的理论和实践指导意义。

　　三峡库区地处长江上游与中下游的结合部，是中国乃至世界最为特殊的生态功能区和典型的生态系统脆弱区之一。三峡大坝工程是人类历史上最大的水利工程，对生态环境和社会经济的影响巨大而深远。工程建设以来，水库淹没、移民迁建等人类活动导致库区的生态系统正在发生巨大变化。不合理的人类活动以及气候变化的影响使得该区域生态环境问题十分突出，一些区域生态环境系统的结构和功能在外界干扰下发生退化，生态服务功能显著下降，区域生态安全受到威胁。然而目前，三峡库区生态系统敏感性与生态安全等问题的综合性研究仍然十分欠缺。因此，选择该区域进行生态环境问题的综合研究，对保证三峡工程健康，保障三峡库区乃至整个长江流域的生态安全与区域社会经济的可持续发展都具有十分重要的意义，具有典型意义及重要的科学示范价值。

　　本书选择三峡库区这一典型生态系统敏感和脆弱区的生态环境问题作为研究对象，在地理学、生态学、环境科学等相关学科研究的理论和方法指导下，借助遥感与 GIS 等现代技术的支持，分析了研究区生态环境现状；评价了研究区生态环境敏感性；探讨了研究区生态服务功能重要性。基于遥感方法定量测量与评估了研究区生态服务价值，计算了研究区生态环境容量，并进行了科学配置。研究的基本目标在于认识和理解三峡库区（重庆段）这一典型的生态环境敏感和脆弱区生态环境的表象、特征、内在规律与合理配置等问题的综合研究，进而丰富和推动区域生态环境问题的综合研究。

　　重庆师范大学地理与旅游学院的赵纯勇教授、张虹讲师、闵婕讲师、王才军讲师以及简太敏、何志明、孔次芬、胡晓明、刘琳、朱翠霞等研究生参与了本书的部分研究与文字编辑工作。本书在写作的过程中得到了重庆大学资源及环境学院的袁兴中教授，西南大学资源环境学院的何丙辉教授，北京师范大学资源学院/减灾与应急管理研究院的陈晋教授、何春阳教授的大力支持与帮助。此外，科学出版社的韩卫军编辑也为本书的出版付诸了辛勤的劳动。在此，谨对他们的指导、帮助和支持表示衷心的感谢！

本书中的部分阶段性成果已在国内外刊物上先行发表，还有部分成果是首次公开发表。这些研究成果主要是在我们承担的系列科研项目的支持下，在三峡生态环境遥感研究所中完成的。本书的出版还得到了重庆师范大学学术专著出版基金和 GIS 应用研究重庆市高校重点实验室科研基金的资助。

生态环境问题的综合研究对于区域生态安全和社会经济可持续发展具有重要意义。作者深切期望本书的出版能够促进三峡库区生态环境问题的综合研究，并对从事地理学、生态学、环境科学及相关学科的专家学者有所裨益。限于作者水平，书中不妥之处在所难免，敬请读者雅正！

李月臣

2014 年 11 月于重庆

目　　录

第 1 章　三峡库区（重庆段）生态环境现状评价

1.1　土壤侵蚀现状评价

1.1.1　评价方法

根据 2004 年重庆市土壤侵蚀遥感调查资料，并结合实地抽样调查与土壤侵蚀观测资料，以年平均侵蚀模数为判别指标，采用水利部发布的《土壤侵蚀分类分级标准》（SL190－96）（表 1-1），做出三峡库区（重庆段）土壤侵蚀现状图（图 1-1），进行研究区土壤侵蚀评价。

表 1-1　土壤侵蚀强度分级标准表

| 级别 | 平均侵蚀模数/ [t/(km²·a)] | | | 平均流失厚度/(mm/a) | | |
	西北黄土高原区	东北黑土区/北方土石山区	南方红壤丘陵区/西南土石山区	西北黄土高原区	东北黑土区/北方土石山区	南方红壤丘陵区/西南土石山区
微度	<1000	<200	<500	<0.74	<0.15	<0.37
轻度	1000~2500	200~2500	500~2500	0.74~1.9	0.15~1.9	0.37~1.9
中度		2500~5000			1.9~3.7	
强度		5000~8000			3.7~5.9	
极强度		8000~15000			5.9~11.1	
剧烈		>15000			>11.1	

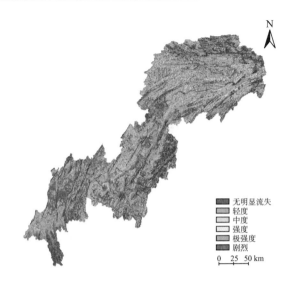

N

无明显流失
轻度
中度
强度
极强度
剧烈

0　25　50 km

图 1-1　三峡库区（重庆段）水土流失类型图（2004 年）

1.1.2　评价结果分析

表 1-2 是基于上述评价方法对三峡库区（重庆段）土壤侵蚀现状评价的结果。

表 1-2　三峡库区（重庆段）土壤侵蚀评价结果

侵蚀强度	微度	轻度	中度	强度	极强度	剧烈
面积/km^2	22288.37	5819.53	11030.98	5880.17	1009.10	130.38
占全区面积比例/%	48.29	12.61	23.90	12.74	2.19	0.28
占流失面积比例/%	—	24.38	46.21	24.63	4.23	0.55

1. 土壤侵蚀面积大，主要以强度以下侵蚀为主

三峡库区（重庆段）土壤侵蚀面积约 23870.16km^2，占全区面积 51.71%；就总体数量特征而言，研究区范围内存在各种强度的土壤侵蚀（表 1-2），但主要为强度以下的土壤侵蚀地区。中度、强度和轻度分别占全区面积的 23.90%、12.74% 和 12.61%，三者之和占土壤侵蚀面积的 95.22%。

2. 土壤侵蚀表现出明显的区域差异

就大的区域格局而言，东北部地区是研究区土壤侵蚀面积广，高强度土壤侵蚀面积分布最集中的地区，开县、云阳、奉节、巫山等县土壤侵蚀面积比例都在 55% 以上，强度以上土壤侵蚀面积占侵蚀总面积的比例也基本超过 50%；其次为中部地区，丰都、武隆、忠县、涪陵等是这一地区土壤侵蚀较为严重的地区，侵蚀面积比例也都超过了 50%（表 1-3），但强度以上的土壤侵蚀面积占侵蚀总面积比例较东北部地区要低，在 30% 左右；都市区总体土壤侵蚀面积分布

表1-3 三峡库区(重庆段)分区县土壤侵蚀现状遥感调查表

区县	微度侵蚀 面积/km²	比例/%	轻度侵蚀 面积/km²	比例/%	中度侵蚀 面积/km²	比例/%	强度侵蚀 面积/km²	比例/%	极强度侵蚀 面积/km²	比例/%	剧烈侵蚀 面积/km²	比例/%	合计 面积/km²	比例/%
万州	1680.76	47.74	364.55	19.81	1042.11	56.64	431.66	23.46	1.63	0.09	0.00	0.00	1839.94	52.26
涪陵	1299.21	42.53	462.85	26.36	992.59	56.54	257.04	14.64	42.46	2.42	0.72	0.04	1755.65	57.47
渝中	19.15	99.79	0.04	100.00	0.00	0.00	0.00	0.00	0.00	0.00	0.00	0.00	0.04	0.21
大渡口	55.22	57.91	5.14	12.80	29.62	73.81	5.37	13.39	0.00	0.00	0.00	0.00	40.13	42.09
江北	137.00	68.94	33.41	54.15	16.21	26.27	11.91	19.30	0.18	0.29	0.00	0.00	61.71	31.06
沙坪坝	251.04	71.67	87.99	88.68	7.42	7.48	3.80	3.84	0.00	0.00	0.00	0.00	99.21	28.33
九龙坡	310.85	74.32	38.17	35.53	63.96	59.54	4.97	4.62	0.32	0.30	0.00	0.00	107.42	25.68
南岸	185.12	70.04	33.14	41.86	39.25	49.57	6.29	7.95	0.49	0.62	0.00	0.00	79.18	29.96
北碚	454.47	62.08	104.10	37.50	138.53	49.90	34.09	12.28	0.89	0.32	0.00	0.00	277.60	37.92
渝北	857.24	61.74	237.31	44.68	198.80	37.43	90.42	17.02	4.62	0.87	0.00	0.00	531.16	38.26
巴南	1208.97	70.47	165.49	32.67	199.09	39.30	124.97	24.67	17.01	3.36	0.00	0.00	506.56	29.53
江津	1898.77	63.22	805.46	72.90	237.63	21.51	56.76	5.14	4.97	0.45	0.00	0.00	1104.81	36.78
长寿	833.41	61.49	307.03	58.83	191.04	36.60	21.73	4.16	2.14	0.41	0.00	0.00	521.93	38.51
丰都	1358.19	46.86	474.89	30.83	658.98	42.79	327.71	21.28	74.19	4.82	4.43	0.29	1540.20	53.14
武隆	1570.60	56.43	459.13	37.86	373.39	30.79	281.85	23.24	98.27	8.10	0.19	0.02	1212.83	43.57
忠县	1016.79	43.49	98.98	7.49	1008.73	76.35	212.82	16.11	0.75	0.06	0.00	0.00	1321.27	56.51
开县	1261.54	30.29	298.71	10.29	1360.26	46.85	830.56	28.61	333.91	11.50	79.97	2.75	2903.42	69.71
云阳	1140.17	29.91	120.09	4.49	1237.48	46.31	1047.59	39.20	239.82	8.97	27.21	1.02	2672.19	70.09
奉节	1643.66	38.69	152.05	5.84	1412.64	54.24	1023.19	39.29	16.32	0.63	0.00	0.00	2604.20	61.31
巫山	1302.85	44.70	351.61	21.81	540.85	33.55	704.00	43.67	5.92	0.37	9.55	0.59	1611.93	55.30
巫溪	1996.52	49.74	864.51	42.85	896.20	44.42	196.90	9.76	56.57	2.80	3.44	0.17	2017.62	50.26
石柱	1806.82	63.00	354.90	33.45	386.19	36.39	206.53	19.46	108.64	10.24	4.87	0.46	1061.13	37.00

少，而且强度也低，渝中、沙坪坝、九龙坡、南岸、巴南五个区土壤侵蚀面积比例在30%以下，大渡口、北碚、渝北等几个区县土壤侵蚀的面积占全区面积的比例相对较高，超过35%。但都市区土壤侵蚀主要以中度以下类型为主。由此可见研究区土壤侵蚀区域差异明显。

3.土壤侵蚀与土壤特性有密切关系

不同的土壤类型其松散程度以及土层厚度等物理特性不同，因此土壤侵蚀与土壤质地有着十分密切的关系。三峡库区(重庆段)土壤侵蚀与土壤类型的相关特征主要表现在：①土壤侵蚀主要分布在紫色土、黄壤、石灰(岩)土、水稻土和黄棕壤分布区，五种土壤类型区土壤侵蚀面积比例分别47.23%、20.22%、13.12%、11.75%、5.24%(表1-4)。这些土壤类型的质地多以疏松的壤质土为主。土壤侵蚀的敏感性较高，易发生中度以上的片蚀和沟蚀(http://www.cqates.com)。②中强度以上的土壤侵蚀主要集中在紫色土和黄壤分布区，二者所分布的中强度以上土壤侵蚀面积比例基本接近70%(表1-4)。

表1-4　三峡库区(重庆段)土壤侵蚀与土壤类型的相关特征分析表

类型	水稻土 面积/km²	比例/%	黄棕壤 面积/km²	比例/%	黄壤 面积/km²	比例/%	新积土 面积 km²	比例/%	石灰(岩)土 面积/km²	比例/%
微度	2692.15	12.08	2469.75	11.08	5596.80	25.11	4.68	0.02	2672.84	11.99
轻度	991.13	17.03	558.01	9.59	1098.33	18.87	0.00	0.00	549.49	9.44
中度	1325.81	12.02	371.10	3.36	1997.10	18.10	3.25	0.03	1527.46	13.85
强度	435.34	7.40	228.73	3.89	1397.71	23.77	4.19	0.07	979.40	16.66
极强度	48.20	4.78	79.65	7.89	295.67	29.30	0.73	0.07	65.22	6.46
剧烈	4.21	3.23	14.44	11.07	37.80	28.99	0.12	0.09	10.96	8.41
%	11.75		5.24		20.22		0.03		13.12	

类型	紫色土 面积/km²	比例/%	棕壤 面积/km²	比例/%	山地草甸土 面积/km²	比例/%	黄褐土 面积 km²	比例/%	粗骨土 面积/km²	比例/%
微度	8446.73	37.90	163.15	0.73	16.29	0.07	215.88	0.97	10.10	0.05
轻度	2392.58	41.11	144.97	2.49	13.97	0.24	64.92	1.12	6.15	0.11
中度	5536.90	50.19	134.88	1.22	23.23	0.21	104.32	0.95	6.92	0.06
强度	2781.41	47.30	20.44	0.35	1.12	0.02	28.76	0.49	3.08	0.05
极强度	501.61	49.71	7.20	0.71	0.00	0.00	10.58	1.05	0.24	0.02
剧烈	61.96	47.52	0.17	0.13	0.00	0.00	0.65	0.50	0.17	0.05
%	47.23		1.29		0.16		0.88		0.07	

4.土壤侵蚀表现出明显的垂直分异特征

利用DEM高程分级图与土壤侵蚀强度类型图叠加，分别统计各水土流失强度类型在不同高程段的分布情况，以及不同高程分级上水土流失的分布情况(表1-5)。区内土壤侵蚀类型随海拔的变化表现出明显的垂直分异特征：①土壤侵蚀主要集中于高程 200～1500m 的低山、丘陵地区，面积比例超过 90％，尤其以 200～500m 和 500～800m 最为集中。两个高程分级范围内土壤侵蚀所占百分比为 26.53％和 28.00％。高程 200m 以下多为河谷阶地或缓丘平坝，地形平缓；1500m 以上地区植被发育较为良好，这些地区多为无明显侵蚀或轻度侵蚀。②就强度随高程的梯度分布特征而言，中度以上强度的水土流失面积均集中分布在 500～800m 和 200～500m 高程，这些地区恰好也是研究区耕作活动的主要地区；1000m 以上的中低山区，在国家退耕还林还草、封山育林等生态政策的作用下，水土流失大幅减少。这些进一步验证了人类不合理的耕作活动对水土流失的负面作用和生态修复工程的正面效应(石敏俊 等，2005)。

表 1-5　三峡库区(重庆段)土壤侵蚀与高程关系分析表

类型	<200m		200～500m		500～800m		800～1000m		1000～1500m		>1500m	
	面积/km²	比例/%	面积/km²	比例/%	面积/km²	比例/%	面积/km²	比例/%	面积/km²	比例/%	面积/km²	比例/%
微度	1016.52	4.56	7001.72	31.41	4830.07	21.67	2334.33	10.47	4753.47	21.33	2352.26	10.55
轻度	141.32	2.43	2565.60	44.09	1173.72	20.17	498.45	8.57	820.24	14.09	620.21	10.66
中度	254.06	2.30	4466.55	40.49	3153.91	28.59	1311.58	11.89	1434.13	13.00	410.74	3.72
强度	93.04	1.58	1862.00	31.67	1973.46	33.55	858.32	14.60	910.26	15.48	183.42	3.12
极强度	10.38	1.03	264.81	26.24	340.10	33.70	162.17	16.07	184.30	18.26	47.40	4.70
剧烈	1.50	1.15	25.47	19.53	43.41	33.29	20.57	15.78	27.43	21.04	12.01	9.21
%		2.10		38.48		28.00		11.94		14.15		5.34

注：列方向的％表示各高程分级占每种水土流失类型的百分比；行方向的％表示不同高程分级占水土流失总面积的百分比；水土流失总面积=轻度+中度+强度+极强度+剧烈

5. 土壤侵蚀发展态势呈现好转趋势

从土壤侵蚀发展态势看，本区土壤侵蚀呈现好转趋势(表 1-6)。5 年间，研究区土壤侵蚀面积由 1999 年的 30537.96km² 减少到 2004 年的 23870.16km²，减少比例为 14.45％，从轻度到剧烈各种强度的土壤侵蚀类型面积均有所减少，以极强度和剧烈土壤侵蚀面积变化幅度最大，分别比 1999 年减少了 54.68％和 35.73％。很多区域土壤侵蚀强度表现出明显降低趋势，土壤侵蚀降低的地区面积为 23014.00km²，占全区面积的比例为 44.01％；未发生变化的区域面积为 16321.32km²，比例为 35.36％；土壤侵蚀加剧的地区面积仅约为 20.63％。

表 1-6　三峡库区(重庆段)土壤侵蚀统计表

年份	微度小计/km²	比例/%	土壤侵蚀面积小计/km²	比例/%	轻度土壤侵蚀面积/km²	比例/%	中度土壤侵蚀面积/km²	比例/%	强度土壤侵蚀面积/km²	比例/%	极强度土壤侵蚀面积/km²	比例/%	剧烈土壤侵蚀面积/km²	比例/%
1999	15620.57	33.84	30537.96	66.16	5967.94	19.54	15739.21	51.54	6401.32	20.96	2226.64	7.29	202.85	0.66
2004	22288.37	48.29	23870.16	51.71	5819.53	24.38	11030.98	46.21	5880.17	24.63	1009.10	4.23	130.38	0.55

1.2 石漠化现状评价

1.2.1 评价方法

石漠化现状评价根据2005年重庆市石漠化遥感调查资料,并结合实地抽样调查与石漠化观测资料,以土壤侵蚀程度、基岩裸露率、植被覆盖度、坡度和土层厚度为判别指标,采用生态功能区划规程的分级标准(表1-7),做出三峡库区(重庆段)石漠化现状图(图1-2),进行石漠化评价。

表1-7　石漠化强度分级标准表

等级	土壤侵蚀程度	基岩裸露/%	植被覆盖度/%	坡度/(°)	土层厚度/cm
无	不明显	<10	>75	<5	>25
潜在	不太明显	>50	50~70	坡耕地:5~8 植被覆盖度60%~70%的坡地:5~25 植被覆盖度45%~60%的坡地:8~15 植被覆盖度30%~50%的坡地:5~8	<20
轻度	较明显	>35	35~50	>15	<15
中度	明显	>65	20~35	>20	<10
强度	强烈	>85	10~20	>25	<7
极强度	极强烈	>90	<10	>35	<3

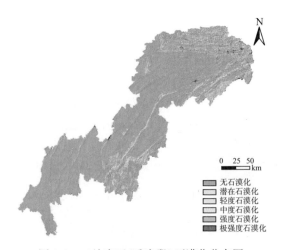

图1-2　三峡库区(重庆段)石漠化分布图

1.2.2　评价结果分析

表 1-8 是基于上述评价方法对三峡库区(重庆段)石漠化现状评价的结果。

表 1-8　三峡库区(重庆段)石漠化统计表

	无石漠化	潜在石漠化	轻度石漠化	中度石漠化	强度石漠化	极强度石漠化
面积/km²	28782.03	9501.99	4276.32	3004.23	539.19	54.78
面积比例/%	62.35	20.59	9.26	6.51	1.17	0.12
石漠化面积比例/%			17.06			
石漠化发生率/%			45.32			

注：石漠化面积＝轻度石漠化＋中度石漠化＋强度石漠化＋极强度石漠化

1. 石漠化发生率高，主要以中度以下石漠化为主

从评价结果看，三峡库区(重庆段)石漠化面积约 7874.52km²，石漠化比例(石漠化面积/工作区面积)为 17.06%，石漠化的发生率(石漠化面积/碳酸盐岩面积)为 45.32%(表 1-9)。与重庆市和西南地区其他省份比较，三峡库区(重庆段)石漠化发生率为最高。三峡库区(重庆段)碳酸盐岩总面积达 17376.50km²，占土地面积的 37.65%，主要集中于东北部、南部和中部和西部的平行岭谷区的山脊。研究区范围内存在各种强度的石漠化(表 1-8)，其中，极强度石漠化的面积为 54.78km²，占全区石漠化面积的 0.12%；强度石漠化的面积为 539.19km²，占全区石漠化面积 1.17%；中度石漠化面积为 3004.23km²，占石漠化面积的 6.51%，轻度石漠化面积为 4276.32km²，占石漠化面积 9.26%。

表 1-9　三峡库区(重庆段)市石漠化与西南其他地区的比较

地区	岩溶面积/万 km²	占土地总面积/%	石漠化面积/万 km²	占土地总面积/%	占岩溶面积/%
三峡库区(重庆段)	1.74	37.65	0.79	17.06	45.32
重庆	3.27	39.71	0.93	11.23	28.29
贵州	13.00	73.80	3.25	19.30	24.96
广西	9.50	41.00	1.88	8.11	19.78
云南	11.21	29.00	——	——	——
湖北(鄂西)	4.10	22.00	——	——	——
湖南	5.70	27.30	1.74	8.30	30.50

2.石漠化分布空间差异明显

三峡库区(重庆段)石漠化分布存在明显的地域分异特征。整体上表现出弧状－条带性分布特征。弧状分布区主要沿开县东北部－巫溪－巫山－奉节南部－云阳西南部－方斗山(万州、石柱、奉节境内)－石柱南部－丰都南部－武隆;条带状分布区主要分布在中部和西部平行岭谷区的山脊上。从区域上看,石漠化集中分布于长江干流斜坡地带及长江主要一级支流乌江沿岸地形强烈切割部位,如长江沿岸云阳、奉节、巫山,乌江沿岸涪陵、武隆等。在具体分布地点上,石漠化严重或较严重地段主要分布在云阳堰坪和田坝、奉节梅子关、巫山大庙和官渡河、渝北统景、涪陵蒿枝坝和焦石坝等地区。从区县分布特征看,石漠化面积 $300km^2$ 以上的区县分别是巫溪县($1505.56km^2$)、奉节县($1108.91km^2$)、巫山县($811.33km^2$)、武隆县($418.26km^2$)、丰都县($369.15km^2$)、开县($307.84km^2$)。各区中石漠化比例大于库区平均比例的有巫溪县(37.40%)、巫山县(27.44%)、奉节县(27.06%)(表1-10)。

3.石漠化范围和程度与区域地貌、地质环境有着密切关系

三峡库区(重庆段)的石漠化灾害从各类型碳酸盐岩中的分布上看,灰岩与白云岩互层中的石漠化面积最多;其次是碳酸盐岩夹碎屑岩;第三是碳酸盐岩与碎屑岩互层中的石漠化面积;碎屑岩夹碳酸盐岩、纯灰岩、纯白云岩分列第四至六位。从各碳酸盐岩类型中的石漠化发生率看,碳酸盐岩夹碎屑岩和纯白云岩中的石漠化发生率较高。库区岩溶地貌类型主要有岩溶槽谷、岩溶山地、峰丛洼地和岩溶峡谷。其中岩溶槽谷中的石漠化面积最多,其次为峰丛洼地。从库区各岩溶地貌类型的石漠化发生率看,峰丛洼地的石漠化发生率最高;其次是岩溶丘陵;岩溶山地的石漠化发生率最低。

1.3 水资源现状评价

1.3.1 评价方法

水资源现状评价指标包括:用水量(各产业用水比例、人均用水量、用水来源评价)、各区县地表水资源的绝对数量和相对数量(人均地表水资源量)、各区县多年平均地表水资源量、人均地表水资源量。按照生态功能区划规程并结合区域实际情况,人均可利用水资源指标由四个二级指标、若干三级指标组成。二级指标包括可开发利用水资源量、已用水资源量、可开发利用入境水资源量、常住人口数量。为体现各个区域可利用水资源的规模特点,利用区域占有水资源的绝对数量进行数据分类,设置数据区间及其相对应的丰度等级。

表1-10 三峡库区（重庆段）石漠化现状遥感调查表

区县	岩溶 面积/km²	岩溶 比例/%	潜在 面积/km²	潜在 比例/%	石漠化 轻度 面积/km²	轻度 比例/%	中度 面积/km²	中度 比例/%	强度 面积/km²	强度 比例/%	极强度 面积/km²	极强度 比例/%	合计 面积/km²	合计 比例/%
巴南区	59.83	3.28	42.32	70.73	0.34	1.93	6.83	38.98	10.13	57.85	0.22	1.23	17.51	0.96
长寿区	29.99	2.12	22.34	74.49	2.01	26.31	5.48	71.64	0.04	0.58	0.11	1.48	7.65	0.54
丰都县	1230.24	42.38	861.09	69.99	81.14	21.98	260.36	70.53	26.87	7.28	0.78	0.21	369.15	12.72
奉节县	2904.34	70.87	1795.43	61.82	342.21	30.86	628.17	56.65	137.44	12.39	1.09	0.10	1108.91	27.06
涪陵区	729.52	24.80	578.89	79.35	45.29	30.07	70.20	46.60	31.46	20.88	3.69	2.45	150.63	5.12
江北区	1.72	0.78	1.45	84.48	0.16	59.55	0.11	40.45	0.00	0.00	0.00	0.00	0.27	0.12
江津区	65.32	2.04	55.56	85.05	2.56	26.20	5.63	57.68	1.57	16.12	0.00	0.00	9.77	0.31
开县	1628.44	40.98	1320.60	81.10	119.59	38.85	186.74	60.66	1.51	0.49	0.70	5.11	307.84	7.75
沙坪坝区	36.22	9.14	22.57	62.30	0.88	6.42	12.08	88.47	0.00	0.00	0.00	0.00	13.66	3.45
万州区	347.17	10.04	135.07	38.91	81.00	38.19	116.10	54.74	14.99	7.07	0.00	0.00	212.09	6.13
巫山县	2759.73	93.34	1948.39	70.60	233.17	28.74	380.56	46.91	149.48	18.42	48.11	5.93	811.33	27.44
巫溪县	3955.52	98.26	2449.95	61.94	464.24	30.83	817.51	54.30	214.54	14.25	9.28	0.62	1505.56	37.40
武隆县	1953.55	67.77	1535.30	78.59	156.52	37.42	235.51	56.31	26.23	6.27	0.00	0.00	418.26	14.51
渝北区	143.82	9.88	80.88	56.24	36.64	58.21	22.83	36.28	3.47	5.51	0.00	0.00	62.94	4.32
云阳县	361.22	9.90	194.15	53.75	62.37	37.33	80.00	47.88	5.89	3.53	18.82	11.26	167.07	4.58
忠县	39.88	1.83	31.53	79.06	0.00	0.00	6.63	79.37	1.72	20.63	0.00	0.00	8.35	0.38
北碚区	289.98	38.45	243.88	84.10	12.08	26.20	32.08	69.58	1.95	4.22	0.00	0.00	46.10	6.11
大渡口区	10.88	10.58	8.35	76.75	0.36	14.08	2.17	85.92	0.00	0.00	0.00	0.00	2.53	2.46
南岸区	2.58	0.99	1.02	39.47	0.29	18.51	0.00	0.00	1.27	81.49	0.00	0.00	1.56	0.60
石柱县	774.81	27.02	266.51	34.40	32.59	50.47	27.77	43.01	4.08	6.31	0.13	0.21	64.58	2.25
渝中区	0.00	0.00	0.00	0.00	0.00	0.00	0.00	0.00	0.00	0.00	0.00	0.00	0.00	0.00
九龙坡区	0.00	0.00	0.00	0.00	0.00	0.00	0.00	0.00	0.00	0.00	0.00	0.00	0.00	0.00

$$W_q = (W_b - W_y + W_r)/R$$

式中，W_q 为人均可利用水资源；W_b 为本地地表水可利用量；W_y 为已开发利用水资源量；W_r 为可开发利用入境水资源量；R 为常住人口。

本地地表水可利用量的计算需三个三级指标，分别是多年平均地表水资源量、河道生态需水量和不可控制的洪水量，计算公式如下：

$$W_b = W_d - W_s - W_h$$

式中，W_b 为本地可开发利用水资源量及本地地表水可利用量；W_d 为多年平均地表水资源量；W_s 为河道生态需水量；W_h 为不可控制的洪水量。

可开发利用入境水资源量取决于入境水资源量和入境水资源可开发利用系数，该系数按流域片取值为 $0 \sim 5\%$。现状条件下，长江、东南诸河、珠江、西南诸河四大流域片取 5%，其计算公式如下：

$$W_r = W_入 \times r$$

式中，W_r 为可开发利用入境水资源量；$W_入$ 为入境水资源量；r 为入境水资源可开发利用系数。

已开发利用水资源量评价主要采用四个三级指标进行计算，分别为农业用水量、工业用水量、生活用水量、生态用水量。根据区域实际情况，增加了林牧渔畜用水量，计算公式如下：

$$W_y = W_农 + W_{林牧渔} + W_工 + W_{生活} + W_{生态}$$

式中，W_y 为已开发利用水资源量；$W_农$ 为农业用水量；$W_{林牧渔}$ 为林牧渔畜用水量；$W_工$ 为工业用水量；$W_{生活}$ 为生活用水量；$W_{生态}$ 为生态用水量(城镇公共用水量)。

为体现各个区域可利用水资源的规模特点，利用区域占有水资源的绝对数量进行数据分类，设置区县数据区间及其相对应的丰度等级(表 1-11)。

表 1-11　人均可利用水资源丰度等级分类表

人均可利用水资源潜力数值区间/m³	$W_q > 5000$	$1500 < W_q \leqslant 5000$	$500 < W_q \leqslant 1500$	$100 < W_q \leqslant 500$	$W_q \leqslant 100$
丰度等级	极丰富	丰富	较丰富	缺乏	极缺乏

注：评价方法中由于缺少外部数据参考，人均可利用水资源丰度等级仅作内部比较

1.3.2　评价结果分析

1. 水资源时空分布不均衡

年内降水分布不均，夏秋多，冬春少，多集中在 $5 \sim 10$ 月，降水量占全年的 70% 以上，而且往往以大暴雨的形式产生。年际变幅大，枯水年与丰水年降水量相差达两倍左右。地域分布不均，东部多于西部，北部大于南部，中低山区

大于丘陵河谷区。过境水资源主要集中在长江、嘉陵江和乌江。

2. 用水量逐年增加，工业用水增加较快；过境水在用水中的比例有逐步增加的趋势

2000～2006 年，随着工业和城市建设的加快，研究区用水量逐年增加，由 2000 年的 37.99 亿 m³ 增加到 2006 年的 52.25 亿 m³。各行业中，工业用水总量总体呈现增加趋势，由 2000 年的 20.62 亿 m³ 增加到 2006 年的 31.98 亿 m³；农业用水总量基本保持动态稳定，但所占比例近些年则呈明显下降趋势；居民用水虽然总量有所增加，但比例基本稳定；城镇公共用水和生态用水总量和比例都呈现增加趋势，但增长较平稳(表 1-12)。随着居民生活水平的提高，三峡库区(重庆段)人均生活用水量呈缓慢增长趋势；由于产业结构不断调整，各产业部门节水意识增强，虽然总用水量呈逐年增长趋势，但工业用水指标逐年下降。

表 1-12　三峡库区(重庆段)用水量统计表

年份	农业用水		工业用水		城镇公共用水		居民用水		生态用水		合计
	用水量/亿 m³	比例/%	用水量/亿 m³	比例/%	用水量/亿 m³	比例/%	用水量/亿 m³	比例/%	用水量/亿 m³	比例/%	
2000	10.24	26.96	20.62	54.27	1.06	2.80	5.88	15.47	0.19	0.49	37.99
2001	10.67	27.78	20.37	53.05	1.19	3.09	5.97	15.55	0.20	0.52	38.40
2002	11.24	27.96	20.81	51.74	1.36	3.37	6.58	16.37	0.22	0.55	40.21
2003	11.34	27.05	22.10	52.71	1.27	3.03	6.99	16.67	0.22	0.54	41.92
2004	10.82	23.87	25.39	56.01	1.57	3.47	7.32	16.14	0.23	0.51	45.33
2005	11.29	23.35	27.24	56.33	1.89	3.91	7.65	15.82	0.28	0.59	48.36
2006	10.05	19.23	31.98	61.22	2.02	3.86	7.90	15.11	0.30	0.58	52.25

数据来源：《重庆市水利公报》(2000～2006 年)

2000～2006 年用水来源(表 1-13)分析，江河取水比例占 60% 以上，水库蓄水也是区内水源利用中的重要部分，占 25% 以上，其余水源占 15% 左右。过境水(江河提水)利用的比例和绝对量在近些年增加很快。

表 1-13　三峡库区(重庆段)用水来源情况表(2000～2006)

年份	提水		蓄水		引水		人工载运水		地形水		其他水		合计
	水量/亿 m³	比例/%	水量/亿 m³	比例/%	水量/亿 m³	比例/%	水量/亿 m³	比例/%	水量/亿 m³	比例/%	水量/亿 m³	比例/%	
2000	25.37	66.61	9.67	25.38	2.11	5.55	0.00	0.00	0.77	2.02	0.17	0.44	38.08
2001	24.91	64.89	9.65	25.13	2.81	7.32	0.00	0.00	0.77	1.99	0.26	0.68	38.40
2002	25.53	63.50	10.97	27.28	2.65	6.60	0.00	0.00	0.86	2.13	0.19	0.46	40.21

（续表）

| 年份 | 提水 | | 蓄水 | | 引水 | | 人工载运水 | | 地形水 | | 其他水 | | 合计 |
	水量/亿 m³	比例/%	水量/亿 m³	比例/%	水量/亿 m³	比例/%	水量/亿 m³	比例/%	水量/亿 m³	比例/%	水量/亿 m³	比例/%	
2003	25.49	60.78	12.00	28.63	3.40	8.11	0.05	0.11	0.75	1.79	0.24	0.58	41.93
2004	29.85	66.04	11.79	26.08	2.64	5.85	0.04	0.08	0.72	1.60	0.16	0.35	45.19
2005	31.31	64.74	13.34	27.58	2.99	6.18	0.02	0.04	0.70	1.44	0.02	0.03	48.36
2006	36.13	69.16	11.95	22.86	3.29	6.29	0.03	0.06	0.80	1.52	0.06	0.11	52.25

数据来源:《重庆市水利公报》(2000～2006 年)

3.人均地表水量低，空间分布不均

研究区地表水资源量为 330.34 亿 m³，人均当地地表水资源量为 1945.01m³，仅占全国人均的 86%，占全世界人均的 22%。东北部地区人均水资源量较高，基本在 3000m³ 以上，而西部地区较低，除少部分区县外基本在 1000m³ 以下，有的甚至低于 500m³。最高的巫溪县人均多达 10623m³。主城九区除渝北、巴南和北碚外，其他 6 个区都在 300m³ 以下，属于极缺乏。总体而言西部地区均属于资源性缺水地区(表 1-14)。

表 1-14　三峡库区(重庆段)各区县地表水资源情况

区县	年均水资源/亿 m³	人口总数/人	人均地表水/m³	丰度	区县名称	年均水资源/亿 m³	人口总数/人	人均地表水/m³	丰度
渝中区	0.1236	697800	18	极缺乏	万州区	22.2961	746700	1512	较丰富
大渡口区	0.4096	262300	156	极缺乏	涪陵区	17.0676	1013200	1685	较丰富
江北区	1.2219	650700	188	极缺乏	开县	30.3517	1159900	2617	丰富
九龙坡区	2.1212	667600	215	极缺乏	丰都县	16.9594	645000	2629	丰富
南岸区	1.4385	946500	224	极缺乏	忠县	11.2928	1265400	1406	较丰富
沙坪坝区	2.1025	862400	244	极缺乏	云阳县	30.9631	1017100	3044	丰富
渝北区	8.5194	727200	1053	较丰富	奉节县	30.6349	860300	3561	丰富
巴南区	9.5844	835300	1240	较丰富	巫山县	23.9927	501000	4789	丰富
北碚区	4.2893	761900	756	缺乏	石柱县	22.1461	434700	5095	极丰富
江津区	17.7933	1516400	1470	较丰富	武隆县	22.8375	347900	6564	极丰富
长寿区	6.9644	620000	977	缺乏	巫溪县	47.2285	444600	10623	极丰富

数据来源：人口总数采用重庆市统计局 2005 年常住人口数据

4.过境水资源丰富，三江干流沿线城市水资源优势明显

研究区多年平均可利用过境水较丰富，总量为 1215.6 亿 m³，但由于山高坡陡、提水扬程高、管道长，其工程建设投资大、运行成本高。加入过境水资源的人均可利用水资源评价结果见表 1-15。研究区总体人均可用水量为 7716m³，属于极丰富；沿长江、嘉陵江和乌江的区县人均可利用水量在 5000m³ 以上；其他区县，除开县（561m³）和石柱县（1346m³）外，人均可利用水量在 2000m³ 以上。

表 1-15　三峡库区（重庆段）人均可利用水资源评价

区县	已利用水合计/亿 m³	可利用入境水量/亿 m³	可利用地表水/亿 m³	人均可用水量/m³	丰度分级
大渡口区	1.81	56.6	0.12	24964	极丰富
巫山县	0.42	85.30	6.89	18322	极丰富
忠县	1.04	82.50	3.24	11342	极丰富
奉节县	0.83	84.40	8.79	10740	极丰富
丰都县	1.13	82.10	4.87	10641	极丰富
江北区	1.62	70.30	0.35	10608	极丰富
南岸区	1.74	70.30	0.41	10331	极丰富
渝中区	0.99	70.30	0.04	9937	极丰富
云阳县	1.12	83.80	8.87	9005	极丰富
渝北区	1.96	70.30	2.45	8218	极丰富
涪陵区	3.43	81.40	4.90	8180	极丰富
长寿区	2.71	70.80	2.00	7920	极丰富
巴南区	1.63	56.60	2.75	6660	极丰富
武隆县	0.66	14.90	6.55	5989	极丰富
万州区	2.77	82.70	6.40	5694	极丰富
九龙坡区	7.60	56.60	0.61	5237	极丰富
江津区	12.87	56.20	5.11	3828	丰富
北碚区	1.84	20.10	1.23	2985	丰富
巫溪县	0.41	0.00	13.55	2957	丰富
沙坪坝区	2.91	20.30	0.60	2081	丰富
石柱县	0.52	0.00	6.36	1342	较丰富
开县	2.26	0.10	8.71	561	较丰富
合计	52.25	1215.6	94.81	7716	极丰富

1.4 水环境现状评价

1.4.1 评价方法

按照《地表水环境质量标准》(GB3838－2002)和重庆市地表水水环境功能区划，选取 pH、溶解氧、高锰酸盐指数、生化需氧量、氨氮、总汞、总铅、石油类和挥发酚等 9 项水质指标，计算综合污染指数(P)。

1.4.2 评价结果分析

总体上看，"三江"干流监测断面水质有所好转。断面监测显示：污染超标项目减少，但次级河流河口回水区富营养化加重。三峡工程二期蓄水以来，库区一级支流回水顶托段水体频繁发生"水华"现象，且持续时间、范围、频次及严重程度均呈明显增加趋势，回水区监测断面呈富营养断面的比例逐年上升。研究区饮用水源地水质中粪大肠菌群超标比较普遍。

1. "三江"干流水质呈现好转

通过对 1996～2006 年"三江"重庆段主要控制断面水质监测资料分析，得到三峡库区(重庆段)"三江"同期水质综合评价结果(表 1-16)。研究期内长江、嘉陵江水质变化基本呈现先恶化(1996～1999 年)后好转(1999～2006 年)的趋势。目前长江、嘉陵江水质基本稳定在 II 类水质。乌江水质在研究期内的 1996～2004 年基本维持在 II 类水质，2005～2006 年水质上升到 I 类水质。由此可见，从总体变化上看三江干流水质正呈现好转趋势。

表 1-16　1996～2006 年"三江"水质综合评价结果

年份	长江水质断面					嘉陵江水质断面				乌江水质断面			
	I	II	III	IV	平均	II	III	IV	平均	I	II	III	平均
2006	1	11	2		II	2			II	1	1		I
2005		11	5		II	2			II	1	1		I
2004		9	7		II	1	1		II		2		II
2003		11	5		II	2			II		2		II
2002		8	6	1	II	2			II		1	1	II
2001		4	7	2	III	2			II			2	III
2000		3	8	5	III		3		III		2		II
1999		1	8	12	IV		2	1	III	1	1		II
1998	1	6	5	2	III		1	2	IV		2		II

（续表）

年份	长江水质断面					嘉陵江水质断面				乌江水质断面			
	I	II	III	IV	平均	II	III	IV	平均	I	II	III	平均
1997		4	7		III		3		III		2		II
1996		7	2	1	II	2		1	II		2		II

注：数据来源于重庆市环境质量报告书

三江水质超标项目年际变化见表 1-17。分析表明：2006 年长江超标项目只有粪大肠菌群，为历年来最好；1996～2006 年监测值先后出现超标的项目有粪大肠菌群、总磷、石油类、化学需氧量、溶解氧、氨氮、五日生化需氧量、非离子氨、亚硝氮、镉、高锰酸盐指数、总汞、六价铬、总铅等；其中粪大肠菌群最为普遍，其次是石油类、总磷、化学需氧量，其他仅在个别断面、个别年份偶尔出现超标，超标项目以 1998 年、1999 年、2000 年最多，分别有 11 个、10 个和 9 个，以后逐步减少至 2006 年的 1 个。

表 1-17　1996～2006 年"三江"各超标项目超标率情况

超标项目	1996 年	1997 年	1998 年	1999 年	2000 年	2001 年	2002 年	2003 年	2004 年	2005 年	2006 年
粪大肠菌群	80	94.1	100	94.4	100	92.9	90	95.7	95.5	90.9	80.0
总磷	100	100	77.8	85	90	5.6	13.0	25	8.3	3.7	
石油类	69.2	31.2	53.3	68.4	16.7	20	10	13		13	
化学需氧量	88.9	66.7	55.6	70	66.7	18.2		3.7			
溶解氧						13.6					
氨氮								8.3			
五日生化需氧量	11.8		10	4.3	4.5						
非离子氨	57.9	60	60	56.5	45.4						
亚硝氮	5.9		16.7	17.7	4.5						
镉	31.2										
凯氏氮			42.9	66.7	46.7	21.4					
高锰酸盐指数			10								
总汞			6.7	5							
六价铬			5.6	13							
总铅					4.8						
超标项目数	8	6	11	10	9	5	3	5	2	3	1

长江寸滩、嘉陵江大溪沟、长江清溪场和乌江麻柳嘴断面综合污染指数（P）

年际变化见图 1-3。寸滩和大溪沟断面除 1991 年综合污染指数较高外，其余年综合指数较低，尤其是 2001～2006 年综合污染指数低于 0.3。1996～2001 年，清溪场和麻柳嘴断面的综合污染指数有所上升，2002～2004 年逐步下降，2005 年、2006 年略有回升。

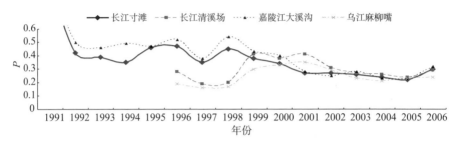

图 1-3　1991～2006 年"三江"主要控制断面水质综合污染指数（P）年际变化

2. 次级河流水环境总体污染较严重

通过对 1996～2006 年次级河流断面水质监测资料分析，得到次级河流同期水质综合评价结果（表 1-18、图 1-4 和图 1-5）。次级河流水质 1996～2000 年水质逐步下降，1999～2000 年趋于恶化，从 2000 年起河流水质开始向好的方向发展，2003 年有小幅波动，2003～2006 年满足水域功能的河流从 41.57% 上升至 2006 年的 72.13%。

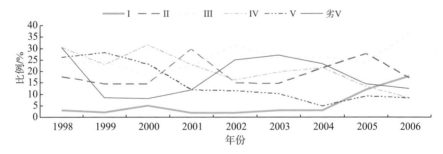

图 1-4　1998～2006 年次级河流水质监测断面水质分类比例曲线图

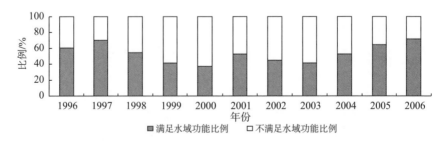

图 1-5　1996～2006 年次级河流水质监测断面水域功能分类比例柱状图

　　分析可知,次级河流水质年度变化是:1996～2000 年水质逐步下降,从 2000 年起河流水质开始向好的方向发展。

表 1-18　1996～2006 年次级河流水质监测评价结果

水质类别	断面比例/%											定性评价
	1996 年	1997 年	1998 年	1999 年	2000 年	2001 年	2002 年	2003 年	2004 年	2005 年	2006 年	
I	—	—	2.82	1.96	5.00	1.76	1.78	2.81	2.91	11.98	18.03	优
II	—	—	17.61	14.38	14.38	29.41	14.79	14.61	21.51	27.54	17.21	优
III	—	—	23.24	24.18	18.13	22.35	31.36	25.84	26.16	23.95	36.07	良好
IV	—	—	30.28	22.88	31.25	22.94	15.98	19.66	21.51	13.17	8.20	轻度污染
V	—	—	26.06	28.10	23.13	11.76	11.24	10.11	4.65	8.98	8.20	中度污染
劣 V	—	—	30.28	8.50	8.13	11.76	24.85	26.97	23.26	14.37	12.30	重度污染
满足水域功能	60.71	70.00	54.23	41.18	36.88	52.94	44.97	41.57	52.91	64.67	72.13	—
不满足水域功能	39.29	30.00	45.77	58.82	63.13	47.06	55.03	58.43	47.09	35.33	27.87	—
断面小计	84	130	142	153	160	170	169	178	172	167	122	—

　　从监测断面项目超标情况分析(表 1-19),次级河流 1996～2000 年监测项目 19 项,出现超标的项目有 12～15 项,年度超标项目基本相同,大多属有机污染物,主要超标项目是化学需氧量、高锰酸盐指数、石油类、粪大肠菌群、非离子氨、挥发酚、生化需氧量;2001～2006 年监测项目增加至 42 项,出现超标的项目平均有 18 项,超标普遍的主要有大肠菌群、石油类、化学需氧量、总磷、阴离子表面活性剂、高锰酸盐指数、挥发酚等;超标河流数从 1996 年的 93.8% 降到 1999 年的 62.5%,2000～2005 年逐步稳定在 60%～75%。

表 1-19　1996～2006 年次级河流均值主要超标项目超标率情况　　　　　(单位:%)

超标项目名称	1996 年	1997 年	1998 年	1999 年	2000 年	2001 年	2002 年	2003 年	2004 年	2005 年	2006 年
粪大肠菌群	53.60	35.20	50.70	33.30	42.50	81.19	54.93	50.00	50.00	55.10	37.80
化学需氧量	66.70	54.60	52.80	36.60	40.00	31.76	25.95	31.46	29.07	26.20	23.10
高锰酸盐指数	48.80	36.90	33.10	11.80	12.50	7.06	18.34	17.98	17.44	16.10	14.90
五日生化需氧量		44.00	31.00	18.30	16.90	17.27	51.92	22.81	22.64	16.80	19.80
总磷						44.30	25.58	29.31	23.98	21.20	19.30
氨氮						31.03	31.37	29.65	27.22	26.70	20.00
石油类	63.10	24.60	35.90	41.20	36.80	50.98	44.17	39.20	30.83	27.20	22.30
溶解氧						9.41	16.57	10.11	10.47	10.10	5.80
挥发酚	17.40	20.0	16.20	9.80	6.80	8.97	18.37	11.54	9.21	9.00	7.60
汞						10.20	5.22	7.21	0.00	4.20

（续表）

超标项目名称	1996年	1997年	1998年	1999年	2000年	2001年	2002年	2003年	2004年	2005年	2006年
镍										66.7	
锰										50.0	
六价铬						4.71	1.18	1.12	2.70	0.00	2.40
氟化物								2.38		8.00	
非离子氨	40.50	57.70	66.20	42.50	45.60	45.88					
阴离子表面活性剂						7.14		17.82			
锌								0.85			
硫化物								5.56			
销酸盐						8.13	3.25				
硫酸盐						14.29	4.35				
均值超标断面比例						47.0	63.9	72.3	60.5	67.1	37.8
均值超标河流比例	93.8	93.0	89.3	62.5	72.1	61.0	75.0	77.5	67.1	68.2	

1.5　植被与森林现状评价

1.5.1　评价方法

采用归一化植被指数(NDVI)对三峡库区(重庆段)的植被空间覆盖状况进行评价。利用2005年重庆市TM遥感数据，根据如下公式计算三峡库区(重庆段)植被指数：

$$NDVI=(NIR-R)/(NIR+R) \tag{1-1}$$

式中，NDVI为地表综合植被指数，NIR为近红外波段值，R为红外波段值。实际计算中NIR取TM遥感影像的第四波段(Band4)，R取TM遥感影像的第三波段(Band3)。计算得出的原始NDVI值为 $[-1,1]$，为数据可视化的需要，经过一定的函数变换，把其值区间重新定义为 $[1,15]$。在计算结果中，值越高的地区代表植被覆盖状况越好，值越低的地区代表植被覆盖越差。

1.5.2　评价结果分析

1.三峡库区(重庆段)植被覆盖状况空间差异大

三峡库区(重庆段)植被覆盖好的地区绝大部分集中于海拔400m以上的中、低山地区；传统农业发达的丘陵地区植被覆盖状况较差，主要为人工栽培植被。

三峡库区(重庆段)地表植被指数呈现出与森林覆盖状况相似的特征，指数值高的地域主要集中在巫溪县、武隆县以及南部的江津区等区县。相对而言，主城区以及几个近郊区县的指数值较低，北部的长寿和忠县由于是传统农业主产区，其地域上广布农作物，所以其值也相对较低。这种植被指数空间格局态势初步反应了三峡库区（重庆段）生态环境质量状况。表1-20给出了各区县的NDVI特征值表，其中，NDVI均值代表植被覆盖的平均状况，累积NDVI代表植被覆盖的总量特征，NDVI标准差代表区内植被覆盖的空间离散程度。

表 1-20　三峡库区（重庆段）植被指数特征统计表

区县	平均 NDVI	累积 NDVI	NDVI 标准差	区县	平均 NDVI	累积 NDVI	NDVI 标准差
巫溪县	10	1042100	3.37	涪陵区	7	522471	3.88
巫山县	9	635208	4.01	渝中区	2	1618	1.49
奉节县	6	630922	3.75	九龙坡区	7	87418	3.66
云阳县	6	509344	3.21	沙坪坝区	8	79366	3.67
开　县	6	575377	4.12	江北区	6	33467	3.38
万州区	6	501203	2.75	南岸区	8	50578	4.3
忠　县	6	308102	2.82	巴南区	8	342432	4.13
丰都县	7	511885	3.99	大渡口区	5	13244	3.86
石柱县	6	454591	3.11	江津区	10	793934	3.84
武隆县	11	751538	3.79	北碚区	8	155514	3.67
长寿区	4	145627	2.52	渝北区	7	261352	3.43

数据来源：该表根据 2005 年 TM 遥感图像计算得出

2. 植被覆盖空间聚集的极化效应突出，原始植被破坏严重，人工植被增长较快

累积 NDVI 对比图（图 1-6）显示出三峡库区（重庆段）植被空间聚集的极化效应突出，植被分布聚集程度高的地区分布在渝东北和渝东南地区。在所有植被类型中，亚热带常绿阔叶林的物种密集程度最高，生态效益最显著，是境内最珍贵的地带性植被。自然植被因人为活动的强烈影响，破坏十分严重，低海拔区，已很难找到完整的自然植被类型，仅残存面积极小的植物群落片断，原始自然植被类型只有在中山山地才能见到。随着长治、长防、退耕还林和生态建设工程的进展，常绿阔叶林、针阔混交林和人工草丛的比重将有较大增加，森林生态系统将向多样化、复杂化演替。

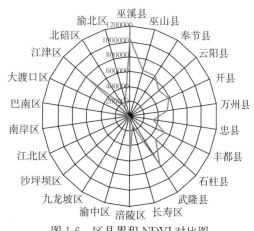

图 1-6　区县累积 NDVI 对比图

3. 三峡库区（重庆段）林地中灌木林地和疏林地所占比例较大，林地构成质量有待提高

在三峡库区（重庆段）林地构成中，有林地占 54.82%、灌木林地 30.38%、疏林地 4.46%、未成林造林地 10.18%、迹地 0.05%、苗圃 0.12%。以 2000 年和 2005 年林地统计数据为基础计算三峡库区（重庆段）林地统计特征数值得到图 1-7 和表 1-21。

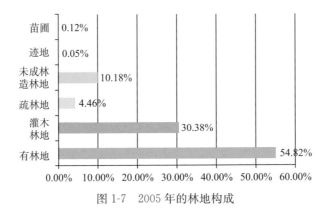

图 1-7　2005 年的林地构成

表 1-21　三峡库区（重庆段）林地特征统计表

区县	土地总面积/hm²	2000 年		2005 年	
		林地面积/hm²	林地面积比例/%	林地面积/hm²	林地面积比例/%
巫溪县	402254.60	233993.41	58.17	257109.26	63.92
巫山县	295677.56	168360.01	56.94	179515.95	60.71
奉节县	409837.26	209558.39	51.13	225222.77	54.95
云阳县	364795.62	105443.55	28.90	132927.34	36.44
开县	397355.41	130810.11	32.92	146636.97	36.90
万州区	344191.76	78663.87	22.85	100745.42	29.27
忠县	218708.37	41069.42	18.78	49958.89	22.84
丰都县	290406.61	128545.61	44.26	129350.05	44.54
石柱县	300955.81	179003.98	59.48	181344.29	60.26
长寿区	142363.36	21737.83	15.27	25690.09	18.05
涪陵区	294146.14	96174.40	32.70	102098.17	34.71
武隆县	288054.09	175400.41	60.89	180419.26	62.63
渝中区	2256.31	0.00	0.00	0.00	0.00
九龙坡区	43185.97	3995.45	9.25	4079.03	9.45

(续表)

区县	土地总面积/hm²	2000 年		2005 年	
		林地面积/hm²	林地面积比例/%	林地面积/hm²	林地面积比例/%
沙坪坝区	39619.57	6032.87	15.23	7448.61	18.80
江北区	22077.31	2951.02	13.37	2962.10	13.42
南岸区	26076.31	3646.68	13.98	4107.85	15.75
巴南区	183423.05	40313.41	21.98	52185.44	28.45
大渡口区	10282.90	1339.83	13.03	1530.23	14.88
江津区	314554.45	79920.92	25.41	89865.15	28.57
北碚区	75419.64	18459.57	24.48	20975.67	27.81
渝北区	145589.25	25345.76	17.41	34238.15	23.52
合计	4582561.80	1699920.92	37.97	1889413.03	41.82

4. 林地资源空间集聚特征明显，在各区内部也有较大差异

2001 年东北部和东南地区的区县林地面积比例最高，其中巫溪、巫山、石柱、奉节、武隆林地面积比大都超过了 50%。2005 年巫溪、巫山、石柱三个区县林地面积比例都超过了 60%。总体而言，三峡库区(重庆段)的林地面积比例由 2000 年的 37.97% 上升到 2005 年的 41.82%，林地覆盖率有了明显提高(图 1-8)。

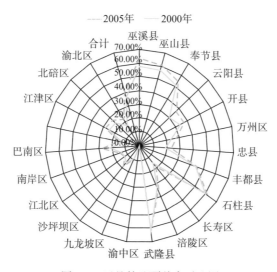

图 1-8 区县林地覆盖率对比图

1.6　生物多样性现状评价

1.6.1　评价方法

通过查阅相关文献资料，收集三峡库区(重庆段)各区县动植物物种数量和级别，采用物种丰度和物种重要性程度进行评价。

1.6.2　评价结果分析

1.生态系统多样，结构复杂

研究区生态系统类型多样，可分为山地森林生态系统、草地生态系统、水域生态系统、农业复合生态系统、村镇生态系统、城市生态系统6个一级类型，20余个二级类型。三峡库区山地、丘陵众多，环境异质性高，因此生境类型多样，自然生态系统中的植被垂直带、群系、群落与小生境等不同尺度的生态系统类型极具多样化。地形与气候对自然生态系统的影响，自然生态系统与人工生态系统的交融，使得生态系统的结构复杂，表现出地理区域、地形地貌、气候、植被区划等方面大尺度的、复合性的过渡特征。多样化的生态系统类型，对珍稀动植物生存、繁衍、维护三峡库区流域生态环境和保证三峡库区(重庆段)经济与社会发展具有极其重要的意义。

2.物种丰富，珍稀、濒危和特有动植物众多

三峡库区(重庆段)动植物种类或某些类群的物种丰富。很多都是国家一、二级重点保护的珍稀、濒危和特有动植物物种(国家一级保护动植物30余种，二级保护动植物100余种)。动植物区系的过渡性明显，暖温带生物区系与亚热带生物区系交汇，古老成分与变异成分交融；动植物类群在科、属、种水平及其地理分布上的特有性强；具有重要性、典型性、代表性、乡土性和具有较大潜在经济价值的野生生物物种的显示度高。

3.生物多样性具有特殊性、典型性，极具价值

三峡库区(重庆段)地处我国地势的第二、三级阶梯的过渡地带；自第三纪以来，环境相对较稳定；气候适宜，水热条件充沛，气候垂直差异显著；境内河流众多，水体环境多样化。优越的地理位置和复杂的自然条件，造就了丰富多样的生态系统类型和极高的物种多样性，属于中国17个具有全球保护意义的生物多样性关键地区之一。城口县、石柱县、南川区、北碚区等区县生物多样性极为丰富，是长江上游和三峡库区"绿色屏障"的重要组成部分和敏感区域，对三峡库区的生态环境保护建设和生态安全的维护具有非比寻常的价值和意义。

4. 野生动植物丰富区减少，生物多样性受到威胁

三峡库区（重庆段）生物多样性丰富，但生物多样性受人类活动影响较大。主要表现在：①生境破坏：三峡库区（重庆段）市人口密度较大，社会经济发展较快，对自然资源需求加大，森林超量砍伐、草地开垦、过度放牧、不合理的使用农药化肥和过度的利用土地和水资源，导致生物生存环境被损坏，甚至消失；②物种濒危：大型兽类个体数量减少，生存能力退化；鸟类和鱼类种类与种群数量急剧减少；低海拔稀有植物物种种群数量减少，种质资源及野生亲缘种丧失，珍贵药用野生植物数量锐减；③种植结构的单一化导致乡土农业遗传资源大量损失；④自然保护区的管护能力薄弱，管理质量不高；⑤对生物多样性保护的重要性认识不足。

1.7　大气环境状况评价

1.7.1　评价方法

采用国家标准 GB3095-1996 和有关推荐标准（表 1-22）对 2006 年三峡库区（重庆段）空气污染状况和空气环境质量进行评价。

表 1-22　空气污染综合指数分级标准

空气质量	1 级：清洁	2 级：轻污染	3 级：中度污染	4 级：较重污染	5 级：严重污染
污染综合指数	≤1.3	≤4.0	≤8.0	≤12.0	≥12.0

1.7.2　评价结果分析

1. 2006 年主要污染物二氧化硫、二氧化氮、可吸入颗粒物年均值均达到国家二级标准，空气质量较大改善

2006 年城镇空气中二氧化硫年均值为 0.052mg/m³，二氧化氮为 0.032mg/m³，可吸入颗粒物为 0.1mg/m³，前三种都达到国家二级标准，降尘在 0.68～28.39t/(km²·月)，超过参考标准 0.75 倍。2006 年城镇空气综合污染指数为 1.03～3.75，平均为 2.27，主城区空气综合污染指数为 2.93，郊区县空气综合污染指数为1.93。相比前几年，空气质量有了较大改善。2006 年各区县空气质量属于轻污染。

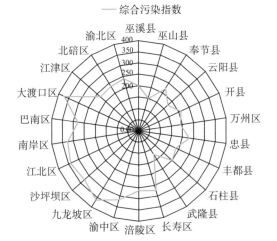

图 1-9　研究区空气质量现状评价雷达图

2.2006 年主城区空气质量有所好转，但仍未达到国家空气质量二级标准

2006 年主城区环境空气中二氧化硫、二氧化氮、可吸入颗粒物和降尘量均值分别为 $0.074\mathrm{mg/m^3}$、$0.047\mathrm{mg/m^3}$、$0.111\mathrm{mg/m^3}$ 和 $0.74\mathrm{t/(km^2 \cdot 月)}$，除二氧化氮外，分别超过国家二级标准 0.23 倍、0.11 倍和 1.03 倍。与 2005 年相比，二氧化氮、可吸入颗粒物和降尘量均值分别下降 2.1%、7.5% 和 9.2%，二氧化硫浓度上升 1.4%；同时，主城区日空气质量满足二级天数的比例为 78.6%，比 2005 年上升了 5.7 百分点；空气综合污染指数为 2.93，比 2005 年下降了 3.0%，空气质量正在逐步得到改善。从主城区近十年空气综合污染指数的变化可以看出，主城区空气质量有明显好转。

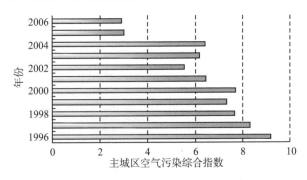

图 1-10　主城区空气综合污染多年比较图

3.2006 年郊区县区空气质量逐步提高

2006 年郊区县区环境空气中二氧化硫、二氧化氮、可吸入颗粒物和降尘量年均值分别为 $0.042\mathrm{mg/m^3}$、$0.024\mathrm{mg/m^3}$、$0.093\mathrm{mg/m^3}$ 和 $6.29\mathrm{t/(km^2 \cdot 月)}$，

与 2005 年相比分别下降 10.6％、4.0％、7.0％和 2.0％；与 2003 年相比，分别下降 30％、14.29％、51.56％和 15.80％。同时，2006 年郊区县环境空气综合污染指数为 1.93，比 2005 年下降了 8.1％。

4. 大气污染类型由燃煤型污染向混合型污染过渡

主城区大气污染主要表现在颗粒物上，其次是 SO_2、NO_2。主城区降尘污染严重，空气中颗粒物呈上升趋势，燃煤型污染依然较重。大气污染类型由燃煤型污染向混合型污染过渡。

1.8 酸雨现状评价

1.8.1 评价方法

酸雨现状和程度评价用降水酸度来表示（表 1-23），根据 2006 年降水监测点资料对三峡库区（重庆段）酸雨现状进行评价（表 1-24）。

表 1-23 降水酸度分级标准

pH	降水酸度
＜ 4.00	强酸性
4.00～4.49	较强酸性
4.50～5.59	弱酸性
5.60～7.0	中性
＞7.0	碱性

表 1-24 1990～2006 年三峡库区（重庆段）降水监测结果

年份	降水 pH 均值	酸雨频率/％	年份	降水 pH 均值	酸雨频率/％
1990	4.29	75.9	1999	4.88	43.8
1991	4.45	78.9	2000	4.66	42.6
1992	4.43	71.2	2001	4.81	41.2
1993	4.47	79.5	2002	4.89	43.6
1994	4.70	70.5	2003	5.28	46.1
1995	4.75	62.4	2004	4.80	46.5
1996	4.61	60.5	2005	4.83	47.2
1997	4.81	60.1	2006	4.73	52.1
1998	4.88	45.9			

数据来源：本表根据历年重庆市环境质量报告书及相关资料整理

1.8.2 评价结果分析

1.酸雨污染总趋势逐步减轻

综合表 1-23 和图 1-11、图 1-12，酸雨污染依然存在，但情况慢慢好转，酸雨频率从 1990 年的 75.9% 下降到 2006 年的 52.1%，2001 年下降到 41.2%；年平均降水 pH 除 2003 年(5.28)其他均在 5 以下，pH 均在 4～5，最低的 1990 年已经达到了 4.29。但与 2005 年相比，2006 年研究区各区县城镇酸雨污染略有加重。主城区酸雨频率为 56.8%，上升了 4.9 百分点；酸雨控制区酸雨频率为 59.8%，上升了 7.2 百分点，降水 pH 下降 0.09；酸雨频率为 52.1%，上升了 4.9 百分点，降水 pH 下降 0.10。

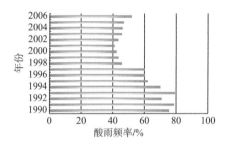 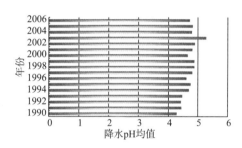

图 1-11　研究区 10 年酸雨频率趋势图　　　图 1-12　研究区 10 年降雨均值趋势图

2.酸雨污染的地区有从主城区向郊县扩散的趋势

2006 年，巫溪县降水偏碱性，开县、巫山、奉节、武隆等 4 个区县降水为中性，其他区县降水为酸性，其中石柱、渝北、沙坪坝 3 个区县降水为较强酸性。其余 14 个区县降水为弱酸性。2006 年与 2005 年比较，降水为较强酸性的区县由 2 个增至 3 个；中性区县由 7 个减至 4 个。三峡库区(重庆段)酸雨污染的地区有从主城区向郊县扩散的趋势(图 1-13)。

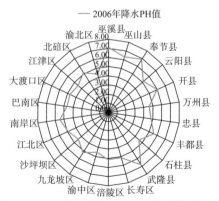

图 1-13　2006 年研究区酸雨现状评价雷达图

1.9　自然灾害现状评价

1.9.1　地质灾害

1. 评价方法

以 2000 年《重庆市地质灾害遥感调查成果报告》和 2001 年《重庆市地质灾害调查报告》为依据,绘制地质灾害发生频率图;同时,参照 2004 年《重庆市地质灾害易发性分布图》,对三峡库区(重庆段)市地质灾害的特征进行评价。

2. 评价结果分析

(1)地质灾害突发性强、破坏严重

三峡库区(重庆段)境内滑坡、崩塌、泥石流等地质灾害的发生往往是由暴雨触发引起的。当暴雨产生时,一些岩层间的软弱结构面在雨水作用下,往往骤然暴发滑坡、崩塌、泥石流等灾害,同时引起严重的水土流失,对农业生产构成严重危害。山地灾害多发生在大雨倾盆的夜间,陡降的灾难极易造成较重的人员伤亡,危害十分严重。由此,三峡库区(重庆段)市地质灾害特征表现为突发性强、破坏严重。1998~1999 年两年汛期内共发生具一定规模和危害的各类地质灾害 708 处,总体积 $5.95 \times 10^8 \text{m}^3$。1998 年因地质灾害倒塌房屋 26.2 万间,死亡 115 人,直接经济损失 6.2 亿元;2000 年地质灾害造成 19.33 万人受灾,损坏房屋 14.46 万间,其中倒塌的有 8.68 万间,死亡 41 人,直接经济损失 7.67 亿元。

(2)地质灾害表现为条带性、山地性、人为性

①条带性:崩塌、滑坡、泥石流等地质灾害集中在长江及其支流嘉陵江、乌江、汤溪河、大宁河等河流的岸带及江河汇合处,灾害频繁,规模大,如万州灾害群、奉节滑坡群等,发生频率在 50% 以上;②山地性:三峡库区(重庆段)市约 60% 的地质灾害发生于切割强烈、坡陡、相对高差较大的山地地段,如城口县、巫溪县等区县地质灾害发生频率在 70% 以上;③人为性:城市和交通建设的快速发展,大量的建筑工程活动加大了斜坡的改造力度,造成边坡失稳,导致各种新老地质灾害发生。

(3)地质灾害具有同发性、滞后性和不稳定周期性

三峡库区(重庆段)的地质灾害与暴雨、洪流密切相关,汛期或暴雨期,滑体饱水,洪流冲刷加剧,地质灾害与暴雨、洪流的发生具有同发性、滞后性和不稳定周期性。

1.9.2　洪涝灾害

1. 评价方法

根根重庆市气象局提供的 34 个气象观测站的近 30 年洪涝灾害发生频率累计平均值,并借助 GIS 软件的空间插值方法绘制洪涝灾害发生频率图,对三峡库区(重庆段)市洪涝灾害的特征进行评价。

2. 评价结果分析

(1)洪涝灾害较频繁,具明显的空间差异性

三峡库区(重庆段)洪涝分布有很明显的地域性,渝东北地区频率最高,开县频率高达 80%,梁平县、云阳县、城口县为 60%;其次是渝西地区,荣昌县、北碚区频率为 50% 以上;渝中和渝东南地区频率多在 25% 以下,忠县、綦江县、江津区等均不到 20%;其余地区一般为 30%~40%。洪灾主要分布在涪江、嘉陵江、渠江下游以及长江干流的河谷地带,而涝灾则主要出现在武陵山区及边缘山区的低洼地带。

(2)暴雨发生时间集中,洪涝灾害出现频率高

三峡库区(重庆段)暴雨一般发生在 4~10 月,最集中的时段在 6 月下旬到 7月中旬,7 月出现的洪涝可占到全年洪涝的 40% 以上。渝东北的万州、开县、梁平、云阳一带,洪涝发生频率最高。

1.9.3　伏旱灾害

1. 评价方法

根据重庆市气象局气象研究所提供的伏旱灾害频率分布图,对三峡库区(重庆段)市伏旱灾害特征进行评价。

2. 评价的结果分析

(1)伏旱灾害发生频率高,强度随海拔的升高而降低

三峡库区(重庆段)各地伏旱发生频率都较高,但地区之间有较明显的差异,并且伏旱强度随海拔升高而降低。三峡库区(重庆段)绝大部分区域伏旱频率为 60%,伏旱频率为 80% 的重伏旱区主要是长江沿江两岸、嘉陵江下游以及海拔低于 300m 的地区;伏旱频率为 60%~80% 的一般伏旱区主要分布在海拔 300~600m 的地带;而轻度或无伏旱区仅分布在盆周海拔较高的大巴山、七曜山等地。

(2)伏旱灾害空间分布存在明显差异性

伏旱一般和高温相伴,涪陵区以东长江沿线和开县及西南部的綦江、万盛高温天数(≥35℃)占伏旱天数在 70% 以上,开县高达 85%,地势较高的酉阳、黔江、城口很少高温发生。主城沙坪坝区伏旱期间大于 35℃ 的高温天数占伏旱天数的 50%。伏旱发生时间不同,造成的影响也不一样。考虑到伏旱对农业生产的影响,

伏旱发生时间越早，影响越大。长江、嘉陵江、涪江沿江地区是伏旱频率高值区，发生频率在 70％以上，有丰都县、忠县、涪陵区和江津区、巴南区、璧山县、北碚区、合川区两个频率高值中心，发生频率在 75％以上，其他地区伏旱发生频率较沿江地区稍低，一般为 50％～70％，只有南部的万盛和北部的城口发生频率在 50％以下，分别为 46％和 48％，是伏旱发生频率的两个低值点。

1.9.4　自然灾害未来趋势评价

三峡库区(重庆段)自然灾害有灾害周期缩短、损失加重的趋势。就气象灾害而言，在 20 世纪旱灾、洪涝灾害每 10 年的发生次数表现为：四五十年代 2～3 次，六七十年代 5～6 次，从 70 年代末开始，洪涝灾害每年都有发生，而风雹、农作物病虫害也是年年都有。据重庆市气象局最新分析，近百年来重庆的有伏旱年达 84％。根据全国数十位专家对我国气候形势的分析，自 20 世纪 80 年代到 21 世纪中期，全国总体表现为气候增暖，与此相关，未来十年旱涝灾害亦呈加重之势。地质灾害的发生同样具有上述规律性，而且地质灾害更多地受到人为因素的影响。随着交通、城建的大规模活动，以及长江三峡工程的建设，如不采取适当措施，地质灾害的发生也将呈上升趋势。

1.10　本章小结

三峡库区位于长江上游的末端，是长江流域生态屏障的咽喉地带。本区域是全国重要的生态环境脆弱和敏感区，区域生态环境问题突出。本章主要对三峡库区的土壤侵蚀、石漠化、水资源、水环境、植被与森林资源、生物多样性、大气环境、酸雨、自然灾害等生态环境现状进行了深入分析。

第2章 三峡库区(重庆段)生态环境敏感性综合评价

生态环境是与人类的生存和发展相关的各种天然的和经过人工改造的自然因素的总体,是人类赖以生存和发展的空间,是区域可持续发展的核心与基础。随着社会经济的发展与科技进步,人类对自然环境的影响范围和强度都在不断加大,由此引起的区域生态环境问题,如水土流失、沙漠化(石漠化)、盐渍化、酸雨等也日益突出。这些生态环境问题严重地威胁着人类的生存环境和区域社会经济的可持续发展(国家环保部,1999;欧阳志云 等,2000)。生态环境敏感性是指生态系统对各种环境变异和人类活动干扰的敏感程度,即生态系统在遇到干扰时,生态环境问题出现的概率大小(欧阳志云 等,2000;刘康 等,2003)。生态环境敏感性评价实质就是在不考虑人类活动影响的前提下,评价具体的生态过程在自然状况下潜在的产生生态环境问题的可能性大小。敏感性高的区域,当受到人类不合理活动影响时,就容易产生生态环境问题,应该是生态环境保护和恢复建设的重点(刘康 等,2003)。随着区域甚至全球范围内生态环境问题的日渐增多和日趋严重,生态环境敏感性评价逐步受到国内外学者的关注和重视。欧阳志云等(2000)研究了中国生态环境敏感性及其区域差异规律;Hornung 等(1995)及 Tao 等(2000)研究了英国和中国南部的酸雨敏感性特征(刘康 等,2003;李月臣 等,2009);李月臣等(2009)研究了三峡库区重庆段土壤侵蚀敏感性的空间分异规律;Mitsch 等(2008)对三峡库区彭溪河消落区湿地的生态环境系统问题进行了研究与探讨;其他一些学者和机构也开展了相关的研究工作(Tao F L et al.,2000;何隆华 等,1998;李东梅 等,2008;Hornung M et al.,1995;叶雪梅 等,2002;靳英华 等,2004;肖荣波 等,2005;Dai Huichao et al.,2010;魏兴萍,2010;Jabbar M T et al.,2006;Fourniadis I G et al.,2007;邵田 等,2008;Rapport D J et al.,1998;Dobson et al.,1997;中国科学院学部,2008)。这些研究提高了人们对区域生态环境问题的认识与理解,但同时也都不同程度地存在一些局限:①多集中在对单一生态环境要素敏感性的分析,生态环境敏感性的综合研究较少;②多针对国家尺度或省级尺度,对流域尺度的研究较少;③缺乏如三峡库区等典型生态系统敏感区域生态环境敏感性的综合研究。三峡库区(重庆段)具有重要的生态地理位置。本区位于长江上游的末端,位于长江流域生态屏障的咽喉地带,是中国17个具有全球保护意义的生物多样性关键地区之一。其生态环境的优劣,不仅直接关系到三峡工程的安全,百万移民的安稳,更关系到整个长江流域的生态安全与区域社会经济的可持续发展。三峡库区是长江上游主要的生态脆弱和敏感区之一,是中国乃至世界最为特殊的生态功能区,其生态环境问题对于投资庞大的三峡工程的长期安全运行、长江中下游的防洪与生态安全具有特殊的、重要的战略意义。重庆市域内三峡库区面积约占整个三峡库区面积的80%,覆盖了大部分三峡库区范围,由此凸显出其重要的生态地理位置(李月臣 等,2008)。

鉴于此,本章以三峡库区(重庆段)为研究区域,借助RS与GIS技术,分析了研究区生态环境敏感性的地理空间分异特征与规律。研究目的在于丰富三峡库区生态环境问题研究,进一步深入探讨生态环境问题的基本驱动机制,模拟和预测三峡库区生态环境响应趋势,为建立有效的生态环境保护机制,提高三峡库区生态环境质量奠定基础。

2.1 三峡库区(重庆段)生态环境敏感性评价方法

本章借助RS与GIS技术,在借鉴已有的研究成果的基础上,结合三峡库区(重庆段)的自然和社会经济实际情况,参照国家环保部颁发的《生态功能区划技术暂行规程》,选择研究区比较突出的土壤侵蚀、石漠化、生境和酸雨四个生态环境要素建立敏感性评价模型与方法,对三峡库区(重庆段)生态环境敏感性进行综合研究,定量揭示研究区生态环境敏感性程度及其空间分布规律。

2.1.1 土壤侵蚀敏感性评价方法

根据通用水土流失方程的基本原理,选择了降雨侵蚀力、土壤可蚀性、坡长坡度因子以及地表植被覆盖因子,对研究区的土壤侵蚀敏感性进行评价。水土流失敏感性是自然因素所决定的生态系统对人为影响反应的敏感程度。农业措施因子是与人类活动密切相关的因子,与生态系统的自然敏感性关系不大,本书不做考虑。研究中借鉴周伏建等(1995)研究成果,采用1~12月多年月均降水量计算研究区各气象站点降水侵蚀力,经误差修正后得到降雨侵蚀力的空间分布图,并依据表2-1中的分级标准绘制水土流失对降水侵蚀的敏感性分级图;参考已有的相关研究成果(杨子生,1999),以三峡库区(重庆段)土壤分布图为底图,按表2-1中的分级标准绘制水土流失对土壤可蚀性因子的敏感性分级图;应用地形起伏度,即地面一定距离内最大高差作为区域土壤侵蚀敏感性评价的地形指标(李月臣 等,

2009)。然后，按表 2-1 的分级标准绘制水土流失的地形因子敏感性分级图；根据研究区植被覆盖图的覆盖因子对研究区水土流失敏感性进行级赋值，并绘制植被对土壤侵蚀敏感性分级图。根据各因子的分级及赋值，利用 ArcGIS 的空间叠加功能，将上述各单因子敏感性影响分布图进行乘积计算，公式如下：

$$SS_j = \sqrt[4]{\prod_{i=1}^{4} S_i} \tag{2-1}$$

式中，SS_j 为 j 空间单元土壤侵蚀敏感性指数，S_i 为 i 因素敏感性等级值。然后采用自然分界法绘制出三峡库区(重庆段)土壤侵蚀敏感性综合评价图 [图 2-1(a)]。

表 2-1　对土壤侵蚀敏感性影响因子分级赋值标准

分级	降水侵蚀力	土壤类型	地表起伏度	覆盖类型	分级赋值(S)
不敏感	< 250	水稻土	0~20m	水体、滩地、稻田	1
轻度敏感	250~300	新积土、山地草甸土	20~50m	阔叶林、针阔混交林、针叶林、高覆盖度草地	3
中度敏感	300~350	棕壤、黄褐土、石灰(岩)土	50~100m	灌丛、稀疏林地、中低覆盖度草地	5
高度敏感	350~400	黄壤、黄棕壤、粗骨土	100~300m	旱地	7
极敏感	> 400	紫色土	> 300m	无植被	9

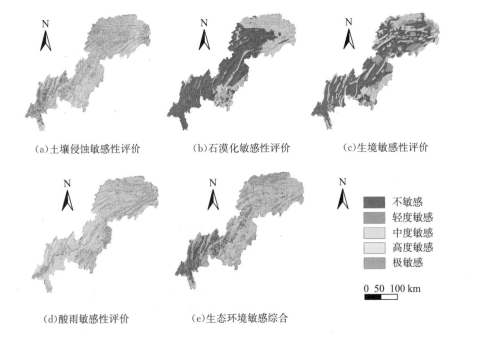

(a)土壤侵蚀敏感性评价　　(b)石漠化敏感性评价　　(c)生境敏感性评价

(d)酸雨敏感性评价　　(e)生态环境敏感综合

不敏感
轻度敏感
中度敏感
高度敏感
极敏感

0　50　100 km

图 2-1　三峡库区重庆段生态环境敏感性综合评价图

2.1.2　石漠化敏感性评价方法

根据石漠化敏感性机理，选择是否为喀斯特地形、坡度及植被覆盖度对研究区的石漠化敏感性进行评价(表 2-2)。其中，是否为喀斯特地形借鉴重庆市林业局开展的全市石漠化调查工作成果，按市、县、乡(林场)三级区划，在监测乡(林场)内依据相关调查资料和野外踏勘确定岩溶区和非岩溶区，最终形成研究区喀斯特地形分布图进行判断与划分。坡度根据研究区数字高程模型(DEM)数据在 GIS 下直接生成与分级。植被覆盖度利用 2006 年 8 月份的 TM 遥感影像的 3、4 波段计算得到(赵英时，2003)。单因子计算完成后，用 GIS 技术生成单因子敏感性影响分布图，并通过 GIS 的空间叠加功能将坡度和植被覆盖度空间分布图进行叠加，采取敏感性级别上靠原则，形成坡度和植被双因子敏感性分级图，然后与喀斯特地形分布因子叠加，将非喀斯特敏感性区域划分出去，最终得到三峡库区(重庆段)石漠化敏感性空间分布图［图 2-1(b)］。

表 2-2　石漠化敏感性评价指标及敏感度划分标准表

敏感性	是否为喀斯特地貌	坡度/(°)	植被覆盖度/%
不敏感	不是	—	—
轻度敏感	是	<15	>70
中度敏感	是	15～25	50～70
高度敏感	是	25～35	20～50
极敏感	是	>35	<20

2.1.3　生境敏感性评价方法

《生态功能区划技术暂行规程》要求根据生境物种丰富度，即评价地区国家与省级保护对象的数量来评价生境敏感性。但是就实际情况而言，各种级别的保护物种很难落实到具体的空间中，而物种多样性很大程度上反映在其赖以生存的生态系统的类型特征。因此，本书借鉴相关研究成果(李东梅 等，2008；叶其炎 等，2006；Trivedi P R，2000；李月臣 等，2009)，并征询专家意见，根据生态系统类型特征对研究区的生物多样性的生境敏感性进行综合评价与制图。区域物种多样性反映在自然生态系统多样性上，因此要保护好物种多样性，首先要保护好自然生态系统多样性，生态系统类型主要根据研究区植被类型图进行确定。根据三峡库区生态系统类型的分布特点及在生态保护中重要性和特殊性,将各生态系统的敏感性分为五级:极敏感、高度敏感、中度敏感、轻度敏感、不敏感[表2-3,图2-1(c)]。

表2-3　生态系统生境敏感性分级表

敏感度	生态系统类型
极敏感	落叶阔叶林,常绿落叶阔叶混交林,常绿阔叶林
高度敏感	暖性针叶林,针阔混交林,常绿灌丛、灌草丛,典型草甸
中度敏感	温性针叶林,落叶灌丛、灌草丛,沼泽化草甸,挺水水生植被
轻度敏感	竹林,经济林类
不敏感	大田作物,果园林类,其他

2.1.4　酸雨敏感性评价方法

生态系统对酸雨的敏感性,是整个生态系统对酸雨的反应程度,是指生态系统对酸雨间接影响的相对敏感性,即酸雨的间接影响使生态系统的结构和功能改变的相对难易程度。酸雨敏感性主要依赖于与生态系统的结构和功能变化有关的土壤物理化学特性,与地区的气候、土壤、母质、植被及土地利用方式等自然条件都有关系。生态系统的敏感性特征可由生态系统的气候特性、土壤特性、地质特性以及植被与土地利用特性来综合描述。本书选用周修萍(1996)建立的等权指标体系(表2-4),该体系反映了亚热带生态系统的特点,对研究区基本适用。岩性类型根据研究区地质图和工程地质图进行确定;土壤类型根据研究区土壤类型图进行确定;指标与土地利用根据研究区的土地利用和植被类型图进行确定;水分盈亏量根据高国栋等(1978)的研究成果,利用收集和处理后的研究区空间化气象要素数据计算得到。最后根据等权体系进行评价,得到极敏感、高度敏感、中度敏感、轻度敏感和不敏感5个等级[表2-5,图2-1(d)]。

表2-4　生态系统对酸沉降的敏感性分级指标

因子	贡献率	等级	权重
岩石类型	1	ⅠA组岩石:花岗岩、正长岩、花岗片麻岩(及其变质岩)和其他硅质岩、粗砂岩、正石英砾岩、去钙砂岩、某些第四纪砂/漂积物	1
		ⅡB组岩石:砂岩、页岩、碎屑岩、高度变质长英岩到中性火成岩、不含游离碳酸盐的钙硅片麻岩、含游离碳酸盐的沉积岩、煤系、弱钙质岩、轻度中性盐到超基性火山岩、玻璃体火山岩、基性和超基性岩石、石灰砂岩、多数湖相漂积沉积物、泥石岩、灰泥岩、含大量化石的沉积物(及其同质变质地层)、石灰岩、白云石	0

（续表）

因子	贡献率	等级	权重
土壤类型	1	Ⅰ A组土壤：砖红壤、褐色砖红壤、黄棕壤(黄褐土)、暗棕壤、暗色草甸土、红壤、黄壤、黄红壤、褐红壤、棕红壤	1
		Ⅱ B组土壤：褐土、棕壤、草甸土、灰色草甸土、棕色针叶林土、沼泽土、白浆土、黑钙土、黑色土灰土、栗钙土、淡栗钙土、暗栗钙土、草甸碱土、棕钙土、灰钙土、淡棕钙土、灰漠土、灰棕漠土、棕漠土、草甸盐土、沼泽盐土、干旱盐土、砂姜黑土、草甸黑土	0
植被与土地利用	2	Ⅰ 针叶林	1
		Ⅱ 灌丛、草地、阔叶林、山地植被	0.5
		Ⅲ农耕地	0
水分盈亏量(P-PE)	2	Ⅰ ＞600mm/a	1
		Ⅱ 300～600mm/a	0.5
		Ⅲ ＜300mm/a	0

注：P 为降水量，PE 为最大可蒸发量

表 2-5　酸雨敏感性等级分类

敏感性指数	0～1	2～3	4	5	6
敏感性等级	不敏感	较不敏感	中等敏感	敏感	极敏感

2.1.5　生态环境敏感性综合评价方法

单因子的生态环境敏感性仅反映了某一因子对生态环境的作用程度或敏感性，没有将研究区生态环境敏感性的空间变异特征综合反映出来。根据各因子的分级及赋值，利用 ArcGIS 的空间叠加功能，将上述各单因子敏感性影响分布图进行叠加计算，公式如下：

$$ES_j = \sum_{t=1}^{4} W_i F_i \tag{2-2}$$

式中，ES_j 为 j 空间单元生态敏感性指数；W_i 为 i 生态环境因子的权重，采用层次分析法，结合专家知识与统计分析确定各生态环境因子的权重，判断矩阵一致性检验 CR 为 0.0857，小于 0.1，因此构造的判断矩阵通过检验，各因子权重较合理(表 2-6)；F_i 为 i 生态环境因子敏感性等级值。然后采用自然分界法(Natural break，ArcGIS 的这种分类方法是利用统计学的 Jenk 最优化法得出的分界点，能够使各级的内部方差之和最小)将 ES 分为 5 级(汤小华 等，2006)，绘制出三峡库区(重庆段)生态环境敏感性综合评价图 [图 2-1(e)]。

表 2-6　各生态环境因子的权重

生态环境因子	土壤侵蚀	石漠化	生境	酸雨
权重	0.559	0.286	0.116	0.039

2.2　数据获取与处理

　　研究所用的数据主要由六部分组成：一是来源于重庆市水利局的研究区水土流失强度类型图（2005 年；分级标准采用水利部发布的《水土流失（土壤侵蚀）分类分级标准》（SL190-96）、土地利用类型图（2005 年）、DEM 数据（1∶5万）、土壤类型数据。其中水土流失强度数据和土地利用数据均为重庆市水利局在 2004 年开展水土流失普查时与相关研究单位合作，通过 TM 遥感影像解译获得。这些数据均经过野外校验，并通过相关部门和专家的验收，数据精度符合要求。二是由重庆市气象局提供的研究区 34 个气象站点的月均降水量、平均温度、相对湿度等气象要素统计数据（1971~2007 年），根据气象站点的数据，参考相关资料计算出各站点降雨侵蚀力、多年平均降水量和最大可蒸发量，利用 GIS 进行空间内插，生成研究区降雨侵蚀力、多年平均降水和最大可蒸发量空间分布图。三是重庆市林业局提供的 2005 年全市石漠化调查工作成果，该成果按市、县、乡（林场）三级区划，在监测乡（林场）内依据相关调查资料和野外踏勘确定岩溶区和非岩溶区，最终形成研究区喀斯特地形分布图进行判断与划分。四是来源于重庆市基础地理信息中心的 2006 年 30m 分辨率的 TM 遥感影像。五是收集的其他数据，如研究区 2005 年的植被类型图、地质图、工程地质图和 2007 年的行政区划图等。所有数据均统一转换成 Albers 等积投影参与空间运算。为了便于空间运算，所有数据均转换为统一坐标与投影系统的栅格（grid）数据，且与 DEM 的栅格单元大小一致（25m×25m）。

2.3　三峡库区（重庆段）生态环境敏感性特征分析

2.3.1　土壤侵蚀敏感性评价

1. 土壤侵蚀敏感性的数量特征

　　就土壤侵蚀敏感性的数量特征而言，研究区土壤侵蚀以高度敏感（15922.02km²）、中度敏感（10948.90km²）和极敏感（8655.46km²）为主，所占比例分别为 34.49%、23.72% 和 18.75%。轻度敏感区面积为 7597.69km²，比例为 16.46%。不敏感区面积比例最少,为 6.57%,总面积约为 3034.46km² (表 2-7)。总体上,全区土壤侵蚀敏感性从不敏感到极敏感基本呈纺锤形分布。就各区县土壤侵蚀敏感性的数量特征而言,开县、云阳和万州的极敏感区无论是面积(均超过 1000km²)和比例(均在 30% 以上)都远高于其他区县,其次是忠县、奉节、石柱和巫溪,极敏感面积在 500km² 以上,占各区县的面积比例也都在 15% 以上。都市区及周边区县土壤侵蚀敏感性基本以轻度和不敏感为主,除巴南区、渝北区外两种类型区的面积比基本在 60% 以上。

表 2-7 土壤侵蚀敏感性综合评价结果表

区县	不敏感		轻度敏感		中度敏感		高度敏感		极敏感	
	面积/km²	比例/%	面积/km²	比例/%	面积/km²	比例/%	面积/km²	比例/%	面积/km²	比例/%
巴南区	175.00	9.56	663.59	36.26	496.46	27.12	428.78	23.43	66.47	3.63
武隆县	36.02	1.24	159.03	5.48	1278.46	44.07	1185.78	40.87	241.70	8.33
大渡口区	35.05	37.13	44.36	47.00	8.58	9.09	6.40	6.78	0.00	0.00
九龙坡区	193.45	43.66	164.64	37.16	52.47	11.84	32.47	7.33	0.00	0.00
南岸区	66.52	23.86	99.17	35.57	42.22	15.14	57.23	20.53	13.65	4.90
渝中区	13.71	62.62	6.24	28.51	1.94	8.87	0.00	0.00	0.00	0.00
江北区	80.71	37.80	70.83	33.17	27.96	13.10	20.19	9.45	13.83	6.48
渝北区	266.77	18.37	522.11	35.96	320.31	22.06	277.26	19.09	65.58	4.52
沙坪坝区	136.90	35.70	167.64	43.72	44.04	11.48	9.69	2.53	25.18	6.57
涪陵区	263.76	8.95	965.41	32.77	730.53	24.80	888.73	30.17	97.57	3.31
石柱县	36.50	1.21	116.43	3.86	471.00	15.63	1875.30	62.24	513.76	17.05
北碚区	92.48	12.24	200.84	26.59	226.21	29.94	207.91	27.52	27.99	3.70
丰都县	78.09	2.69	391.78	13.50	618.90	21.33	1640.70	56.56	171.52	5.91
长寿区	318.03	22.47	474.57	33.53	215.93	15.26	334.61	23.64	72.34	5.11
忠县	80.05	3.67	283.75	12.99	416.61	19.07	800.73	36.68	602.62	27.59
万州区	5.83	0.17	408.85	11.83	749.93	21.69	1193.94	34.54	1098.45	31.77
云阳县	18.92	0.52	201.29	5.54	759.82	20.91	1137.91	31.31	1516.06	41.72
巫山县	115.55	3.91	1117.95	37.79	1120.43	37.88	502.13	16.98	101.94	3.45
奉节县	40.65	0.99	193.81	4.74	1130.93	27.67	1786.58	43.71	935.02	22.88
开县	16.44	0.42	162.27	4.10	512.24	12.94	1052.90	26.57	2216.01	55.97
巫溪县	3.15	0.08	83.79	2.08	896.93	22.26	2365.50	58.70	680.63	16.89
江津区	960.87	30.03	1099.33	34.35	827.00	25.84	117.90	3.68	195.11	6.10
合计	3034.46	6.57	7597.69	16.46	10948.90	23.72	15922.02	34.49	8655.46	18.75

表 2-8　土壤侵蚀现状与土壤侵蚀敏感性的关系

分级	不敏感		轻度敏感		中度敏感		高度敏感		极敏感	
	面积/km²	比例/%	面积/km²	比例/%	面积/km²	比例/%	面积/km²	比例/%	面积/km²	比例/%
微度侵蚀	2673.56	12.00	4568.13	20.50	6735.36	30.23	7773.76	34.89	530.57	2.38
轻度侵蚀	245.46	4.22	1391.01	23.90	1428.99	24.55	2447.95	42.05	307.70	5.29
中度侵蚀	81.20	0.74	1191.30	10.80	1670.10	15.14	3829.70	34.71	4262.32	38.63
强度侵蚀	29.62	0.50	403.39	6.86	1017.70	17.30	1599.81	27.20	2831.26	48.14
极强度侵蚀	0.25	0.02	39.46	3.91	83.43	8.27	223.14	22.11	663.01	65.69
剧烈侵蚀	4.37	3.35	4.40	3.38	11.39	8.73	8.81	6.76	101.40	77.78
土壤侵蚀面积比例/%	1.51		12.69		17.64		33.96		34.2	

注：土壤侵蚀面积＝剧烈侵蚀＋极强度侵蚀＋强度侵蚀＋中度侵蚀＋轻度侵蚀

2. 土壤侵蚀敏感性的空间特征

空间上，研究区的土壤侵蚀敏感性具有明显的水平地域特点。中部属于土壤侵蚀中等敏感区，主要类型为中度、高度和轻度敏感区；西部和最东部的巫山县为土壤侵蚀中低敏感区，主要是不敏感、和轻度敏感及少部分中度敏感类型区。东北部属土壤侵蚀高度敏感区域，主要包括极敏感、高度敏感；主要分布在东北部的开县、云阳、奉节、万州、巫溪、丰都、忠县等区县［图 2-1(a)］。这些区县高度以上敏感性面积比例都在 60％以上，七个区县高度以上土壤侵蚀敏感性总面积占了全区总面积的 69.97％。这些地区降雨侵蚀力强、地形高差大、土壤可蚀性也比较敏感。此外，这些地区是三峡库区移民迁建工程最为集中的地区，大量工程活动以及农业陡坡旱作都是这些地区成为土壤侵蚀最为敏感的重要原因。

3. 土壤侵蚀敏感性与土壤侵蚀现状的对应关系

通过分析发现土壤侵蚀现状与土壤侵蚀敏感性具有很好的对应关系，从极敏感到不敏感区土壤侵蚀的比例依次降低。其中，中度以上土壤侵蚀区与土壤侵蚀高度和极敏感区具有很好的对应关系。中度土壤侵蚀区有 38.63％和 34.71％分别发生在土壤侵蚀的极敏感和高度敏感区；强度侵蚀区有 48.14％和 27.20％发生在土壤侵蚀的极敏感和高度敏感区；极强度和剧烈土壤侵蚀区与土壤侵蚀的敏感性的正相关关系更为明显，极强度土壤侵蚀有 65.69％和 22.11％发生在极敏感和高度敏感区；而剧烈侵蚀则有 77.78％分布在极敏感区。在敏感性与现状特征具有较好的对应关系的同时，也表现出一定的差异特征，微度和轻度土壤侵蚀区也分别有 34.89％和 42.05％分布在高度敏感区。这表明尽管土壤侵蚀高度敏感,但土壤侵蚀的发生并不是必然的,只要采取适当的水土保持措施,仍然可以构建良好的水土保持生态环境,避免水土流失的发生。此外,研究区中度以下土壤侵蚀敏感区仍然分布有一定比例(10%以上)的极强度和剧烈土壤侵蚀。很显然这些地区的土壤侵蚀主要是受到不合理的人类干扰活动产生的。

2.3.2　石漠化敏感性评价

1.石漠化敏感性的数量特征

研究区石漠化以不敏感(28782.03km²)为主,比例占全区的 62.35%;其次是高度敏感(7488.85km²)和中度敏感(5995.72km²),比例分别为 16.22% 和 12.99%;极敏感(1619.15km²)和轻度敏感(2272.78km²)面积比例最小,为 3.51% 和 4.92%。其数量特征基本呈倒金字塔形分布。各区县中,巫溪、巫山、奉节等区县高度以上石漠化敏感区的面积分布最广(基本在 1500km²以上),比例最高(超过 45%)(表 2-9)。

2.石漠化敏感性的空间特征

空间上,研究区石漠化存在明显的水平地域差异。东北部属石漠化高度敏感区,高度以上敏感区主要分布在这一地区,比例在 70%以上;南部属石漠化中度敏感区,除分布少部分高度以上敏感性地区外,大部分属于轻度和中度敏感区。其余地区除少数平行岭谷的山岭分布有少量石漠化敏感区外,绝大部分地区均属于不敏感区［图 2-1(b)］。就区县而言,石漠化高度以上敏感区主要分布在东北部的巫溪、巫山、奉节、开县四个县,高度以上石漠化敏感区总面积为 6546.92km²,占到整个研究区高度以上石漠化敏感区面积的 71.88%;其次是南部的武隆(577.16km²)、中部及北部的石柱(495.12km²)、丰都(401.02km²)、涪陵(376.55km²)、云阳(230.74km²)和万州(221.51km²),这些区县高度以上石漠化面积占全区的 25.28%。高度以上敏感度分布区均为喀斯特地形发育地区、坡度较大,虽然总体植被覆盖度较好,但这些地区大多是三峡库区移民迁建最为集中的地区,大量的工程活动以及农业陡坡耕作都是这些地区成为石漠化最为敏感的重要原因。

表 2-9　石漠化敏感性综合评价结果表

| 区县 | 不敏感 | | 轻度敏感 | | 中度敏感 | | 高度敏感 | | 极敏感 | |
	面积/km²	比例/%	面积/km²	比例/%	面积/km²	比例/%	面积/km²	比例/%	面积/km²	比例/%
巴南区	1772.17	96.82	7.30	0.40	23.17	1.27	27.17	1.48	0.50	0.03

（续表）

区县	不敏感		轻度敏感		中度敏感		高度敏感		极敏感	
	面积/km²	比例/%	面积/km²	比例/%	面积/km²	比例/%	面积/km²	比例/%	面积/km²	比例/%
武隆县	915.57	31.56	633.06	21.82	775.20	26.72	473.21	16.31	103.95	3.58
大渡口区	84.77	89.81	3.44	3.64	3.89	4.13	2.29	2.43	0.00	0.00
九龙坡区	442.26	99.83	0.52	0.12	0.00	0.00	0.26	0.06	0.00	0.00
南岸区	275.03	98.65	0.27	0.10	1.34	0.48	2.14	0.77	0.00	0.00
渝中区	21.90	100.00	0.00	0.00	0.00	0.00	0.00	0.00	0.00	0.00
江北区	211.83	99.21	0.00	0.00	0.97	0.45	0.48	0.23	0.24	0.11
渝北区	1310.05	90.22	29.44	2.03	56.39	3.88	51.90	3.57	4.24	0.29
沙坪坝区	353.50	92.19	10.23	2.67	13.39	3.49	6.33	1.65	0.00	0.00
涪陵区	2228.48	75.64	84.43	2.87	256.54	8.71	343.73	11.67	32.82	1.11
石柱县	2246.28	74.55	65.70	2.18	205.90	6.83	347.11	11.52	148.01	4.91
北碚区	479.43	63.46	45.83	6.07	138.76	18.37	88.35	11.70	3.06	0.40
丰都县	1667.91	57.49	310.40	10.70	521.67	17.98	351.45	12.11	49.56	1.71
长寿区	1383.96	97.77	6.56	0.46	15.13	1.07	9.58	0.68	0.25	0.02
忠　县	2137.52	97.87	1.01	0.05	10.55	0.48	27.39	1.25	7.54	0.35
万州区	3101.33	89.71	1.76	0.05	132.40	3.83	179.47	5.19	42.04	1.22
云阳县	3263.37	89.80	17.77	0.49	122.13	3.36	182.19	5.01	48.55	1.34
巫山县	200.24	6.77	321.24	10.86	962.46	32.54	1200.16	40.57	273.90	9.26
奉节县	1194.37	29.22	128.93	3.15	806.07	19.72	1485.22	36.34	472.41	11.56
开　县	2351.19	59.39	128.34	3.24	537.53	13.58	840.77	21.24	101.16	2.56
巫溪县	4.78	0.12	459.15	11.39	1392.79	34.56	1842.63	45.72	330.66	8.20
江津区	3136.11	98.00	17.41	0.54	19.43	0.61	27.01	0.84	0.25	0.01
合计	28782.03	62.35	2272.78	4.92	5995.72	12.99	7488.85	16.22	1619.15	3.51

3. 石漠化敏感性与石漠化现状的对应关系

通过对比石漠化敏感性和石漠化现状分布区的对应关系(表 2-10)发现,虽然各敏感类型区中石漠化面积占全区石漠化总面积的比例在各敏感类型区没有表现出明显的规律性,但是当去除绝对面积影响后(石漠化面积占敏感类型的面积比)可以看出,石漠化现状和石漠化敏感性存在的一定程度的对应关系,从极敏感到不敏感区石漠化的比例依次降低。其中,中度以上石漠化与石漠化高度和极敏感区具有很好的对应关系。中度石漠化地区有 11.57% 和 42.99% 分别发生在极敏感和高度敏感区；强度石漠化地区有 15.28% 和 48.10% 发生在石漠化的极敏感和高度敏感区；极强度石漠化地区与石漠化的敏感性的正相关关系更为明显，分别有 22.63% 和 50.76% 发生在极敏感区和高度敏感区(极敏感区各类型石漠化面积比较小是因为本身极敏感区绝对面积较小，消除绝对面积影响后其正相关关系更为明显)。可见，自然因子是控制石漠化发生的根本性内在要素，自然因子决定了石漠化的总体格局特征。在石漠化敏感性与石漠化现状特征具有较好的对应关系的同时，也表现出一定的差异特征。潜在石漠化和轻度石漠化地区也分别有 35.68% 和 44.37% 分布在石漠化高度以上敏感区。这表明尽管石漠化敏感性高，但石漠化的发生并不是必然的，采取适当的石漠化防治措施，仍可以构建良好的生态环境系统，避免石漠化的发生。此外，研究区石漠化轻度和不敏感区仍然分布有一定比例(约 8%)的中度以上石漠化。很显然这些地区石漠化主要是受到不合理的人类干扰活动产生的。因此，保护区域自然生态因子的健康与稳定，减少人类不合理活动的影响是区域石漠化防治的重要措施与内容。

表 2-10　石漠化现状与石漠化敏感性的关系

分级	不敏感		轻度敏感		中度敏感		高度敏感		极敏感	
	面积/km²	比例/%	面积/km²	比例/%	面积/km²	比例/%	面积/km²	比例/%	面积/km²	比例/%
无石漠化	25109.03	87.24	449.68	1.56	1424.31	4.95	1524.47	5.30	274.54	0.95
潜在石漠化	2712.51	28.55	1002.76	10.55	2396.05	25.22	2836.66	29.85	554.01	5.83
轻度石漠化	679.46	15.89	474.95	11.11	1224.57	28.64	1549.18	36.23	348.16	8.14
中度石漠化	247.24	8.23	302.90	10.08	815.07	27.13	1291.37	42.99	347.65	11.57
强度石漠化	32.02	5.94	40.94	7.59	124.47	23.08	259.37	48.10	82.39	15.28
极强度石漠化	1.78	3.25	1.55	2.84	11.24	20.53	27.81	50.76	12.40	22.63
石漠化面积比例/%	12.20		10.42		27.63		39.72		10.04	
石漠化面积占敏感类型的面积比例/%	3.34		36.09		36.28		41.77		48.33	

注：石漠化面积=轻度石漠化+中度石漠化+强度石漠化+极强度石漠化

2.3.3　生境敏感性评价

1. 生境敏感性的数量特征

从表 2-11 可以看出，研究区生境敏感性类型以不敏感为主，面积为 25176.47km²，所占比例也超过了半数，为 54.54%；其次为高度敏感地区，分布面积为 10032.79km²，比例为 21.74%；极敏感地区和中度敏感地区的面积基本相当，分别为 3951.09km² 和 4279.00km²，面积比分别为 8.56％和 9.27％；轻度敏感地区面积最小，为 2719.18km²，所占比例仅为 5.89％；总体上，全区生境敏感性从不敏感到极敏感基本呈倒金字塔形分布。虽然，研究区生境不敏感地区比例占据优势地位，但是中度以上敏感地区的面积比也达到了近 40％，这一比例充分说明了生境敏感程度以及目前三峡库区生物多样性保护面临的重要问题。就各区县生境敏感性的数量特征而言，奉节、武隆、巫溪、石柱、丰都、江津生态系统极敏感区所占的比例最高，都在 10％以上。生境高度敏感区的面积比较大的区县主要有巫溪、开县、云阳、石柱、涪陵、丰都、巫山等区县，高度敏感区面积都在 500km²以上；北碚、沙坪坝、九龙坡、巴南、渝北等都市区内的区县虽然高度敏感面积不是很大，但比例较高，都在 20％以上。

表 2-11　生境敏感性综合评价结果表

区县	不敏感		轻度敏感		中度敏感		高度敏感		极敏感	
	面积/km²	比例/％	面积/km²	比例/％	面积/km²	比例/％	面积/km²	比例/％	面积/km²	比例/％
巴南区	1276.71	69.75	4.68	0.26	0.00	0.00	531.29	29.03	17.62	0.96
武隆县	819.48	28.25	35.66	1.23	1095.92	37.78	402.40	13.87	547.54	18.87
大渡口区	80.21	84.98	0.00	0.00	0.00	0.00	14.18	15.02	0.00	0.00
九龙坡区	323.84	73.10	0.00	0.00	0.00	0.00	119.19	26.90	0.00	0.00
南岸区	251.07	90.06	0.00	0.00	0.00	0.00	27.71	9.94	0.00	0.00
渝中区	21.90	100.00	0.00	0.00	0.00	0.00	0.00	0.00	0.00	0.00
江北区	174.41	81.68	0.00	0.00	0.00	0.00	39.11	18.32	0.00	0.00
渝北区	1018.98	70.18	31.60	2.18	53.59	3.69	347.86	23.96	0.00	0.00
沙坪坝区	258.63	67.45	0.00	0.00	0.00	0.00	117.06	30.53	7.76	2.02
涪陵区	2039.16	69.22	0.00	0.00	381.01	12.93	525.83	17.85	0.00	0.00
石柱县	1301.28	43.19	0.00	0.00	374.99	12.45	855.12	28.38	481.61	15.98
北碚区	484.25	64.10	21.75	2.88	0.00	0.00	216.92	28.72	32.50	4.30
丰都县	1646.15	56.74	77.13	2.66	36.33	1.25	707.87	24.40	433.52	14.94
长寿区	1064.73	75.22	65.01	4.60	8.30	0.59	277.34	19.59	0.00	0.00
忠　县	1386.44	63.48	630.02	28.85	17.95	0.82	149.59	6.85	0.00	0.00
万州区	2668.21	77.18	104.04	3.01	147.55	4.27	436.41	12.62	100.79	2.92
云阳县	2361.54	64.98	107.68	2.96	42.22	1.16	1078.34	29.67	44.22	1.22
巫山县	999.92	33.80	669.10	22.62	717.25	24.24	515.13	17.41	56.68	1.92
奉节县	1665.90	40.76	397.11	9.72	621.03	15.20	374.37	9.16	1028.59	25.17
开　县	1952.63	49.32	26.75	0.68	445.47	11.25	1397.66	35.30	136.49	3.45
巫溪县	1155.56	28.67	344.87	8.56	337.39	8.37	1531.86	38.01	660.32	16.39
江津区	2225.47	69.54	203.75	6.37	0.00	0.00	367.55	11.49	403.45	12.61
合计	25176.47	54.54	2719.18	5.89	4279.00	9.27	10032.79	21.74	3951.09	8.56

2. 生境敏感性的空间特征

研究区生境敏感性空间分布的总体特征表现为，东北部和南部生境敏感性高，而中西部地区生境敏感性低。全区除不敏感和轻度敏感区由于面积较大，呈连片分布外，中度以上生境敏感区呈零星斑块状分布，而且空间异质性较高。其分布大致呈弧形，沿巫溪－巫山－奉节－云阳－万州－石柱－丰都－武隆－江津分布〔图 2-1(c)〕。从中度以上生境敏感性空间分布特征上看，这些地区的分布与区内的山地分布具有较高的一致性。通过观察可以发现，中度以上生境敏感区基本分布在大巴山、雪宝山、武陵山、方斗山、齐曜山、金佛山、四面山及都市区的缙云山、中梁山、铜锣山、明月山"四山"以及其他平行岭谷区的山岭顶部。这些山地分布区植被覆盖良好，生态系统多样，物种丰富，生物多样性价值高，对各种干扰活动的反应比较敏感，因此这些区域表现出较高的生境敏感性。

2.3.4　酸雨敏感性评价

1. 酸雨敏感性的数量特征

研究区高度敏感面积和比例最大，分别为 19100.57km^2 和 41.38%；其次是中度敏感(13548.52km^2)和轻度敏感区(8953.20km^2)，比例分别为 29.35% 和 19.40%；不敏感区面积最小，仅占研究区的 0.82%(表 2-12)。研究区酸雨敏感性的数量特征呈不对称的纺锤形分布。高度以上敏感区面积和比例占据了绝对优势地位，占到了全区总面积的 50% 以上，可见本区酸雨敏感性较为严重。就各区县酸雨敏感性的数量特征而言，石柱、武隆和万州极敏感区面积(均在500km^2 以上)和比例(都超过了 15%)表现极为突出；云阳、开县、巫溪、武隆、万州、石柱等区县高度敏感区的比例异常偏高，均超过了 50%。

表 2-12　酸雨敏感性综合评价结果表

区县	不敏感		轻度敏感		中度敏感		高度敏感		极敏感	
	面积/km^2	比例/%	面积/km^2	比例/%	面积/km^2	比例/%	面积/km^2	比例/%	面积/km^2	比例/%
巴南区	27.62	1.51	216.47	11.83	1367.00	74.69	219.21	11.98	0.00	0.00
武隆县	0.00	0.00	290.94	10.03	91.46	3.15	1887.80	65.07	630.80	21.74
大渡口区	13.73	14.55	18.63	19.74	52.47	55.58	9.56	10.13	0.00	0.00
九龙坡区	9.81	2.21	81.47	18.39	340.58	76.88	11.17	2.52	0.00	0.00
南岸区	26.89	9.65	41.16	14.76	158.87	56.99	51.86	18.60	0.00	0.00
渝中区	2.09	9.52	5.87	26.79	13.95	63.69	0.00	0.00	0.00	0.00
江北区	27.57	12.91	66.54	31.16	105.28	49.31	14.13	6.62	0.00	0.00
渝北区	9.13	0.63	259.81	17.89	1087.94	74.93	95.14	6.55	0.00	0.00

区县	不敏感		轻度敏感		中度敏感		高度敏感		极敏感	
	面积/km²	比例/%	面积/km²	比例/%	面积/km²	比例/%	面积/km²	比例/%	面积/km²	比例/%
沙坪坝区	0.00	0.00	48.05	12.53	283.37	73.90	52.03	13.57	0.00	0.00
涪陵区	44.94	1.53	596.89	20.26	1522.31	51.67	631.90	21.45	149.97	5.09
石柱县	0.76	0.03	54.82	1.82	89.09	2.96	1559.39	51.76	1308.94	43.44
北碚区	0.00	0.00	127.62	16.89	548.07	72.55	79.73	10.55	0.00	0.00
丰都县	18.69	0.64	245.51	8.46	1498.48	51.65	862.65	29.74	275.67	9.50
长寿区	12.06	0.85	210.46	14.87	1026.21	72.50	166.76	11.78	0.00	0.00
忠　县	20.49	0.94	260.43	11.92	1649.38	75.52	251.69	11.52	2.00	0.09
万州区	0.00	0.00	335.22	9.70	627.02	18.14	1942.96	56.20	551.80	15.96
云阳县	0.00	0.00	738.15	20.31	91.02	2.50	2558.03	70.39	246.80	6.79
巫山县	6.11	0.21	1547.42	52.31	504.33	17.05	793.68	26.83	106.47	3.60
奉节县	10.08	0.25	1501.88	36.75	455.25	11.14	1860.64	45.53	259.14	6.34
开　县	0.00	0.00	577.18	14.58	432.44	10.92	2761.10	69.74	188.28	4.76
巫溪县	0.00	0.00	853.93	21.19	163.44	4.06	2629.17	65.24	383.46	9.52
江津区	149.81	4.68	874.76	27.33	1440.55	45.01	661.97	20.69	73.13	2.29
合计	379.79	0.82	8953.20	19.40	13548.52	29.35	19100.57	41.38	4176.45	9.05

2. 酸雨敏感性的空间特征

研究区酸雨敏感性空间分布的总体特征表现为极敏感区块状零星散布、高度敏感区和中度敏感区集中片状分布、轻度敏感和不敏感区沿江河带状分布，部分呈团块状散布。极敏感区主要零星分布在东北部（万州分布较为集中）、中部（石柱分布较为集中）、南部（武隆分布较为集中）地区。高度敏感区集中呈东北-西南向分布。以万州为界，东北部除巫山、奉节外是高度敏感区最为集中的分布区；向西向南主要分布在石柱、武隆和江津的四面山地区；中度敏感区分布十分集中，除少量分布在开县外，基本都分布在万州西南除石柱、武隆外各区县的非江河湖泊区沿岸区。除东北部的巫山、奉节分布较为集中外，轻度敏感区基本沿江河沿岸分布；不敏感区面积较小，主要沿万州以上长江干流沿线分布［图 2-1（d）］。

2.3.5　生态环境敏感性综合评价

1. 生态环境敏感性的数量特征

从表 2-13 可以看出，研究区生态环境敏感性类型以高度敏感为主（12823.80km²），所占比例为 27.78%；其次为中度敏感区（11925.38km²）和不度敏感区（8362.40km²），面积比例分别为 25.84% 和 18.12%；极敏感地区面积为 5488.63km²，所占比例为 11.89%。研究区生态环境敏感性中度以上敏感地区比例超过了 65%，占据了优势地位，仅高度以上敏感区面积就接近了 40%。由于三峡库区特殊的生态地理位置和社会经济区位，生态环境问题不仅关系到本区域整体生态安全和三峡工程的长久运行，还影响着库区社会经济的可持续发展。此外，本地区各类移民和工程建设等人类活动比较频繁，生态环境极易受到干扰和破坏，因此目前生态环境敏感问题已经成为三峡库区区域生态环境建设和社会经济发展面临的重要问题。

表 2-13 生态环境敏感性综合评价结果表

区县	不敏感		轻度敏感		中度敏感		高度敏感		极敏感	
	面积/km²	比例/%	面积/km²	比例/%	面积/km²	比例/%	面积/km²	比例/%	面积/km²	比例/%
巴南区	965.80	52.77	651.28	35.58	196.04	10.71	15.66	0.86	1.52	0.08
武隆县	79.57	2.74	665.19	22.93	977.57	33.70	882.40	30.42	296.27	10.21
大渡口区	79.04	83.74	8.25	8.74	4.12	4.37	2.98	3.16	0.00	0.00
九龙坡区	343.08	77.44	98.91	22.33	0.78	0.18	0.26	0.06	0.00	0.00
南岸区	182.82	65.58	85.51	30.67	10.45	3.75	0.00	0.00	0.00	0.00
渝中区	21.90	100.00	0.00	0.00	0.00	0.00	0.00	0.00	0.00	0.00
江北区	159.17	74.55	43.92	20.57	9.71	4.55	0.73	0.34	0.00	0.00
渝北区	835.55	57.54	422.04	29.07	110.79	7.63	79.13	5.45	4.52	0.31
沙坪坝区	237.11	61.84	113.60	29.62	19.84	5.17	11.91	3.10	0.99	0.26
涪陵区	1231.46	41.80	1024.71	34.78	460.23	15.62	213.28	7.24	16.33	0.55
石柱县	176.70	5.86	1149.43	38.15	681.95	22.63	531.36	17.64	473.56	15.72
北碚区	296.68	39.27	246.46	32.63	101.74	13.47	106.92	14.15	3.62	0.48
丰都县	545.62	18.81	1059.11	36.51	498.43	17.18	518.01	17.86	279.84	9.65
长寿区	908.63	64.19	321.68	22.73	160.45	11.34	23.69	1.67	1.03	0.07
忠 县	631.41	28.91	1358.48	62.20	174.87	8.01	15.18	0.70	4.05	0.19
万州区	642.86	18.60	1997.82	57.79	635.00	18.37	154.56	4.48	26.37	0.76
云阳县	450.25	12.39	2052.26	56.47	906.75	24.95	140.40	3.86	84.34	2.32
巫山县	193.80	6.55	1117.67	37.78	1006.74	34.03	594.41	20.09	45.39	1.53
奉节县	189.14	4.63	1290.87	31.58	968.15	23.69	1079.01	26.40	559.83	13.70
开 县	299.59	7.57	1274.46	32.19	1378.41	34.82	514.64	13.00	491.91	12.43
巫溪县	3.80	0.09	507.46	12.59	871.70	21.63	1442.02	35.78	1205.02	29.90
江津区	2208.72	69.02	508.89	15.90	453.75	14.18	28.86	0.90	0.00	0.00
合计	10682.68	23.14	15997.98	34.66	9627.48	20.86	6355.80	13.77	3494.59	7.57

2. 生态环境敏感性的空间分布特征

研究区生态环境敏感性空间分布的总体特征与其他几个单项因子敏感性的空间分布特征基本一致，表现为东北部和南部生态环境敏感性高，而中西部地区生境敏感性低。生态环境极敏感地区分布大致呈弧形，沿开县中北部－巫溪大部－巫山西部－奉节南半部－万州东南部－石柱东南部－丰都东南部－武隆东南部分布；高度敏感区面积较大，主要分布在万州以东的区县以及涪陵－万州长江南岸的极敏感区的边缘地带；中度敏感区在万州以东（除巫溪外）主要呈散点状分布在极敏感和高度敏感区之中，巫山万州和以西地区中度敏感则呈片状分布；轻度敏感区主要呈条带状分布在西部的平行岭谷的山岭区，以及忠县以下长江及其主要支流河谷两岸，在巫山、涪陵和武隆也有部分片状分布；不敏感区主要分布在中西部平行岭谷的较为平坦的山间谷地，以及长江及其支流的河谷地带，东北部地区则呈星点状点缀分布在其他类型区之间［图2-1(e)］。

2.4　本章小结

三峡库区（重庆段）具有重要的生态地理位置，这一区域的生态环境问题，直接关系到三峡工程的安全，更关系到整个长江流域的生态安全与区域社会经济的可持续发展。鉴于研究区重要的生态地理位置以及目前相关研究的局限性，本书从土壤侵蚀、石漠化、生境以及酸雨等本区最为主要的生态环境问题入手，对研究区的生态环境敏感性进行了深入细致的分析，定量揭示了研究区生态环境敏感性程度及其空间分布特征与规律。

研究结果表明：①土壤侵蚀以高度敏感、中度敏感和极敏感为主；东北部是土壤侵蚀最为敏感的区域；土壤侵蚀现状与土壤侵蚀敏感性具有很好的对应关系。②石漠化总体以不敏感为主，其次是高度敏感和中度敏感；高度以上敏感区主要分布东北部地区，中度以上石漠化与石漠化高度和极敏感区具有很好的对应关系。③生境敏感性类型以不敏感为主，其次为高度敏感地区；东北部和南部生境敏感性高，而中西部地区生境敏感性低。④酸雨高度敏感面积和比例最大，其次是中度敏感和轻度敏感；极敏感区块状零星散布、高度敏感区和中度敏感区集中片状分布、轻度敏感和不敏感区沿江河带状分布，部分呈团块状散布。⑤生态环境综合敏感性以高度敏感为主，其次为中度敏感区和不敏感区；东北部和南部生态环境敏感性高，中西部地区生态环境系统的敏感性低。

需要说明的是，本章研究的基础数据均由遥感影像解译或者GIS空间内插得到，数据处理存在的误差必然会影响分析结果的准确性，尽管如此，研究区生态环境敏感性的地理空间格局特征仍然能够得以充分反映。同时，由于数据的缺乏，本研究仅对区域单一时段的生态环境敏感性进行研究，若能有时间序列数据则更能反映研究区生态环境敏感性的时空演变规律。因此，丰富数据来源、提高数据的准确性、辨识区域生态环境问题的驱动机制，并在此基础上模拟和预测三峡库区生态环境响应趋势，建立有效的生态环境保护机制是下一步研究的重要方向。

第3章　三峡库区(重庆段)生态环境服务功能重要性评价

　　生态系统是由生物群落与无机环境构成的统一整体(Washington D C, 2003)。生态系统服务功能就是生态系统及其生态过程所形成与维持的人类赖以生存的自然环境条件和效用(Washington D C, 1997；Ehrlich P R et al.，1992；Le Maitre D C et al.，2007；傅伯杰 等，2009；欧阳志云 等，1999)。生态系统不仅为人类提供了食品、医药及其他生产生活原料，更重要的是维持了人类赖以生存的生命支持系统，维持了生命物质的生物地化循环与水文循环，维持了生物物种与遗传多样性(高旺盛 等，2003)。因此，生态系统服务功能的研究备受人们的关注，成为生态学研究的前沿和热点。国内外很多学者都对生态系统服务功能进行了研究。Holdren(1974)与Ehrlich(1981)论述了生态系统在土壤肥力与基因库维持中的作用，并系统地讨论了生物多样性的丧失将会怎样影响生态服务功能。Costanza 等(1997)研究了全球生态系统服务的自然资本的价值估算，有力地推动了生态系统服务功能经济价值评价研究。此后，很多学者应用Costanza的方法对不同地区的不同生态系统的服务价值进行了研究(Alexander A M et al.，1998；Deutsch L et al.，2003；Maeler K G et al.，2008)。同期，我国学者也开着了大量生态系统服务功能的研究。欧阳志云等(1999)、陈仲新等(2000)对我国陆地生态系统服务功能价值进行了研究；赵同谦等(2004)、余新晓等(2005)、王玉涛(2009)等、李士美等(2010)、王兵等(2010)、莫菲等(2011)对森林生态系统服务功能价值进行了研究；谢高地等(2001)、闵庆文等(2004)、姜立鹏等(2007)研究了草地生态系统的生态服务功能价值；孙新章等(2007)、高旺盛等(2003)、杨志新等(2005)对农田生态系统生态服务功能价值进行了评估；其他学者还在湿地、河流、城市等生态系统服务功能价值进行了大量研究工作(刘晓辉 等，2008；全为民 等，2007；李文楷 等，2008)。目前，生态系统服务功能的研究正由类型识别、经济价值评估向机理分析方向发展，生态系统服务功能的尺度特征与多尺度关联成为生态系统服务功能研究的重点和难点。因此，揭示生态系统结构、过程与服务功能之间的耦合机制；建立不同尺度、不同生态系统类型的重要生态系统服务功能评价指标体系；建立复杂环境条件下生态系统服务功能评价方法;揭示景观和区域尺度生态系统服务的表征、相互作用和时空变异规律;评估全国重点地区生态系统重要生态服务功能成为生态服务功能研究的重要研究内容(傅伯杰 等,2009;谢高地 等,2006)。上述研究提高了人们对区域生态系统服务功能研究的认识与理解,但同时也都不同程度的存在一些局限:①多集中在对单一生态系统服务功能的分析,生态系统服务功能综合研究较少;②多限于利用单位面积价值对总量的静态估算,而对生态服务功能重要性研究缺乏;③对生态系统类型、质量状况的时空差异缺乏考虑,缺少如三峡库区等典型生态系统敏感区域生态系统服务功能的综合研究。生态系统服务具有空间异质性,不同生态系统的空间差异性导致了生态系统服务的空间差异性,同一生态系统在不同区域也会提供不同的生态服务功能(谢高地 等,2006)。

三峡库区(重庆段)位于长江上游的末端,是长江流域生态屏障的咽喉,复杂的自然生态条件和社会经济特征决定了其重要的生态地理位置。本区是中国乃至世界最为特殊的生态功能区之一,也是关系到长江流域生态安全的全国性生态屏障地区。鉴于此,本书以三峡库区(重庆段)为研究区,借助 RS 与 GIS 技术对本区域生态系统服务功能重要性进行综合研究。针对区域生态系统,分析其提供的不同生态系统服务功能,研究生态系统服务功能区域分异规律,明确各种生态系统服务的重要区域。研究目的在于丰富三峡库区生态环境问题研究,为区域生态系统管理、确定生态保护关键区、制定生态保护和建设的政策提供科学依据。

3.1 三峡库区(重庆段)生态环境服务功能重要性评价方法

本节借助 RS 与 GIS 技术,在已有的研究成果的基础上,结合三峡库区(重庆段)的自然和社会经济实际情况,参照国家环保部颁发的《生态功能区划技术暂行规程》,选择比较重要的生物多样性保护、土壤保持、水源涵养和营养物质保持四个生态系统服务功能建立评价模型与方法,对三峡库区(重庆段)生态系统服务功能重要性进行综合研究,定量揭示研究区生态系统服务功能重要性及其空间分布规律。

3.1.1 生物多样性保护重要性评价方法

生物多样性保护重要性评价就是评价区域内各地区对生物多样性保护的重要性。《生态功能区划技术暂行规程》要求根据物种数量来评价生物多样性保护重要性。但是,就实际情况而言,各保护物种很难落实到确切的空间中,而物种多样性在很大程度上反映了其赖以生存的生态系统特征。因此，本书借鉴相关研究成果，并征询专家意见，选择国家及省级重点保护物种和特有、珍稀、濒危物种分布带，结合自然保护区、森林公园、风景名胜区等关键生态区范围进行划分，确定研究区生物多样性保护重要性等级［表 3-1，图 3-1(a)］。

表 3-1　生物多样性保护重要性评价分级表

分级	生态区类型
极重要	国家一级重点保护动植物、珍稀濒危植物分布区；国家级自然保护区、森林公园、风景名胜区
高度重要	国家二级重点保护动植物、珍稀濒危植物分布区；省级自然保护区、森林公园、风景名胜区；"四山"保护区*
中等重要	其他国家和省级保护动植物分布区；县级自然保护区、森林公园、风景名胜区
一般重要	其他地区

＊2007 年重庆市政府出台了《重庆市"四山"地区开发建设管制规定》，将缙云山、中梁山、铜锣山和明月山的生态绿地和城市绿地划定为建设管制区加以保护，简称"四山"保护区。

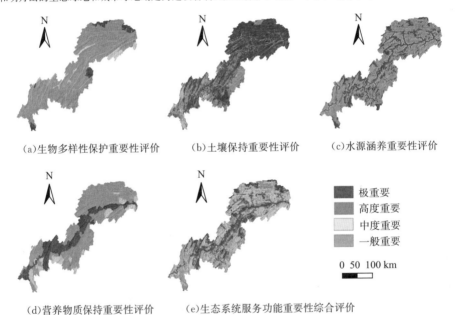

　(a)生物多样性保护重要性评价　　　(b)土壤保持重要性评价　　　(c)水源涵养重要性评价

　(d)营养物质保持重要性评价　　　(e)生态系统服务功能重要性综合评价

极重要
高度重要
中度重要
一般重要

0　50　100 km

图 3-1　三峡库区重庆段生态系统服务功能重要性评价

3.1.2　土壤保持重要性评价方法

土壤保持重要性的评价在考虑土壤侵蚀敏感性的基础上，分析其可能造成的对下游河流和水资源的危害程度。首先根据前期研究成果，利用降雨、土壤类型、DEM、土地利用等数据，运用通用水土流失通用方程的基本原理，选择了降雨侵蚀力、土壤可蚀性、坡长坡度因子以及地表植被覆盖因子，对研究区土壤侵蚀敏感性进行分析与评价(刘春霞 等，2011)。然后将河流、湖泊及水源地与土壤侵蚀敏感分布图进行叠加，最后根据表 3-2 的分级标准对研究区土壤保持重要性进行评价与分级［图 3-1(b)］。

表 3-2 土壤保持重要性分级表

项目	不敏感	轻度敏感	中度敏感	高度敏感	极敏感
1～2 级河流及大中城市主要水源水体	一般重要	高度重要	极重要	极重要	极重要
3 级河流及小城市水源水体	一般重要	中等重要	高度重要	高度重要	极重要
4～5 级河流	一般重要	一般重要	中等重要	高度重要	高度重要

3.1.3 水源涵养重要性评价方法

水源涵养的生态重要性在于评价地区提供水资源保障及洪水调节作用。因此，可以根据评价地区在流域所处的地理位置，以及对整个流域水资源的贡献来评价。可根据不同气候类型下水资源保障及洪水调蓄的重要性进行分级。三峡库区属亚热带湿润气候，按《生态功能区划技术暂行规程》评价方法，研究水源涵养重要性只包括极重要和一般重要两级，为区别区域内部差异，在考虑国家分级标准和研究区实际情况后，参考相关研究成果(石培礼等，2004；陈引珍，2007；刘学全等，2009；孟广涛 等，2007)，加入湖泊、水库、水源集水区、各种水源涵养林，河流两侧水源涵养缓冲区等因素进行分析与评价［表 3-3，图 3-1(c)］。

表 3-3 水源涵养重要性分级表

影响目标		类型、范围	分级
河流	主干河流三峡库区消落带(城市水源、洪水调蓄)	河流两侧 1km	极重要
		河流两侧 2km	高度重要
		河流两侧 3km	中等重要
	二级河流 (水源、洪水调蓄)	河流两侧 200m	极重要
		河流两侧 400m	高度重要
		河流两侧 600m	中等重要
湖泊、水库水源保护地(水源、洪水调蓄)			极重要
林地 水源涵养林(水源)		常绿阔叶林、常绿针阔混交林、常绿落叶阔叶混交林	极重要
		灌丛、常绿针叶林、竹林	高度重要
		落叶阔叶林、针阔混交林、经济林木	中等重要
农业区及其他地区			一般重要

3.1.4　营养物质保持重要性评价方法

按《生态功能区划技术暂行规程》营养物质保持重要性评价方法,并参考相关研究成果(贾良清 等,2005;王治江 等,2007),主要从面源污染与湖泊湿地的富营养化问题的角度评价地区 N、P 流失可能造成的富营养化后果与严重程度。若评价地区下游有重要的湖泊与水源地,该地区域的营养物质保持的重要性大;否则,重要性不大。首先根据水系图,划分出重要湖泊湿地和一般湖泊湿地,在此基础上利用 DEM 数据划出湖泊湿地的汇水区;然后根据湖泊湿地的重要性及其所在河流的级别、湖泊湿地在河流上的位置,确定湖泊湿地汇水区营养物质保持重要性级别;最后形成营养物质保持重要性分布图〔表 3-4,图3-1(d)〕。

表 3-4　营养物质保持重要性分级表

河流级别	位 置	影响目标	分级
1、2、3	河流上游	重要湖泊湿地 *	极重要
		一般湖泊湿地	中等重要
	河流中游	重要湖泊湿地	中等重要
		一般湖泊湿地	高度重要
	河流下游	重要湖泊湿地	高度重要
		一般湖泊湿地	一般重要
4、5	河流上游	重要湖泊湿地	中等重要
		一般湖泊湿地	高度重要
	河流中游	重要湖泊湿地	高度重要
		一般湖泊湿地	一般重要
	河流下游	重要湖泊湿地	一般重要
		一般湖泊湿地	一般重要
其他	河流上游	重要湖泊湿地	高度重要
		一般湖泊湿地	一般重要
	河流中游	重要湖泊湿地	一般重要
		一般湖泊湿地	一般重要
	河流下游	重要湖泊湿地	一般重要
		一般湖泊湿地	一般重要

* 重要湖泊湿地包括重要水源地、自然保护区、保护物种栖息地

3.1.5　生态系统服务功能重要性综合评价方法

单因子的生态系统服务功能重要性反映了生态系统某单一服务功能的重要性程度,没有将研究区生态系统综合服务功能的空间变异特征综合反映出来。

根据各因子的分级及赋值,利用 ArcGIS 的空间叠加功能,将上述各单因子敏感性影响分布图进行叠加计算,公式如下:

$$ESI_j = \sqrt[4]{\prod_{i=1}^{4} ES_i} \qquad (3-1)$$

式中,ESI_j 为 j 空间单元生态系统综合服务功能重要性指数;ES_i 为 i 生态系统服务功能重要性等级值。然后采用自然分界法(Natural break,ArcGIS 的这种分类方法是利用统计学的 Jenk 最优化法得出的分界点,能够使各级的内部方差之和最小)(汤小华 等,2006),将 ESI 分为 4 级,绘制出三峡库区(重庆段)生态系统服务功能重要性综合评价图 [图 3-1(e)],评价结果如表 3-5 所示。

表 3-5　生态系统服务功能重要性综合评价结果表

分级	生物多样性保护重要性性		土壤保持重要性		水源涵养重要性		营养物质保持重要性		生态系统综合服务功能重要性	
	面积/km²	比例/%	面积/km²	比例/%	面积/km²	比例/%	面积/km²	比例/%	面积/km²	比例/%
极重要	2445.66	5.30	31756.37	68.80	13747.31	29.78	11789.13	25.54	12747.59	27.62
高度重要	4698.15	10.18	12410.68	26.89	8947.62	19.38	25048.22	54.27	10401.00	22.53
中等重要	2425.85	5.26	1751.78	3.80	2435.07	5.28	4905.04	10.63	17940.04	38.87
一般重要	36588.87	79.27	239.70	0.52	21028.52	45.56	4416.14	9.57	5069.90	10.98

3.2　数据获取与处理

研究所用的数据主要由 5 部分组成:① 2005 年重庆市植被类型图;2002 年重庆市森林资源二类调查图;重庆市国家级省级重点保护物种和特有珍惜、濒危物种分布图;重庆市自然保护区、森林公园、风景名胜、其他关键生态区分布图。数据来源于重庆市环保局、重庆市林业局。②重庆市河流、湖泊、水源地分布图。数据来源于重庆市水利局。③研究区水土流失强度类型图(2005 年;分级标准采用水利部发布的《水土流失(土壤侵蚀)分类分级标准》(SL190-96))、土地利用类型图(2005 年)、DEM 数据(1∶5 万)、土壤类型数据。其中水土流失强度数据和土地利用数据均为重庆市水利局在 2004 年开展水土流失普查时与相关研究单位合作,通过 TM 遥感影像解译获得。这些数据均经过野外校验,并通过相关部门和专家的验收,数据精度符合要求。④由重庆市气象局提供的研究区各气象站点各气象要素统计数据(1971~2007 年)。⑤以上数据派生的数据,以及一些相关的辅助数据,如行政区划图等。为了便于空间运算,所有数据均统一转换成 Albers 等积投影的栅格(grid)数据参与空间运算。

3.3 三峡库区(重庆段)生态环境服务功能重要性特征分析

3.3.1 生物多样性保护重要性评价

1. 生物多样性保护重要性的数量特征

从表 3-5 可以看出，研究区生物多样性保护重要性类型以一般重要为主，面积为 36588.87km²，面积比例为 79.27%；其次为高度重要地区，面积为 4698.15km²，比例为 10.18%；极重要地区和中等重要地区的面积基本相当，分别为 2445.66km² 和 2425.85km²，面积比例分别为 5.30% 和 5.26%。虽然，研究区生物多样性保护以一般重要地区占据优势地位，但是生物多样性保护高度重要以上地区的面积比也达到了 15% 以上。就各区县生物多样性保护重要性的数量特征而言，巫溪、石柱、江津、巫山、开县生物多样性保护极重要区面积最大，基本都在 200km² 以上(其中，巫溪和石柱面积最大，分别为 815.68km² 和 687.09km²)，面积比例也最高，基本都在 10% 以上。北碚虽然极重要区面积仅 68.25km²，但其面积比例也近 10%。生物多样性保护高度重要区的面积比例较大的区县主要有武隆、石柱、万州、丰都、渝北等区县，高度重要类型区面积都在 450km² 以上，面积比例也都超过了 20%；北碚、沙坪坝、九龙坡、南岸、大渡口等都市区内的区县虽然生态系统服务功能高度重要区面积不是很大，但比例较高，也都超过了 20%，沙坪坝甚至接近 35%。

2. 生物多样性保护重要性的空间特征

全区除一般重要地区由于面积较大，呈连片分布外，其他生物多样性保护重要性类型空间分布的总体特征表现为条带形和斑块状分布。极重要地区主要呈斑块状分布在东北部、中部和东南部。高度重要性区基本呈条带状沿武陵山、方斗山、齐曜山、及都市区的缙云山、中梁山、铜锣山、明月山"四山"的山脊分布 [图 3-1(a)]。通过观察发现，高度以上生物多样性保护重要性地区基本分布在国家一二级重点保护和珍稀、濒危动植物分布区或国家级自然保护区、森林公园和风景名胜区，均位于生物多样性保护关键区内。这些地区分布区植被覆盖良好，生态系统多样，物种丰富，生物多样性价值高，对维持区域生物多样性发挥着重要作用。

3.3.2 土壤保持重要性评价

1. 土壤保持重要性的数量特征

研究区土壤保持重要性类型以极重要占据绝对优势地位，面积为

31756.37km^2,面积比例为68.80%;其次为高度重要地区,面积和比例分别为12410.68km^{2}和26.89%;中等重要和一般重要区面积较小,不足5%。总体上,全区土壤保持重要性从极重要到一般重要呈倒金字塔形分布(表3-5)。就各区县土壤保持重要性的数量特征而言,巫溪、奉节、开县、万州、巫山、丰都、武隆、石柱土壤保持极重要区无论是面积(均超过2000km^2)和比例(均在80%以上)都远高于其他区县;土壤保持中等以下重要地区主要分布在都市区及周边区县,但面积比例都在8%以下。

2. 土壤保持重要性的空间特征

空间上,万州及其东北部地区基本上属于土壤保持重要区,主要类型以极重要为主(面积占研究区土壤保持极重要区面积的55%以上),少量高度重要地区仅分布在长江及主要支流河谷地带。涪陵－长寿至万州的中部地区主要为极重要－高度重要区,极重要区主要分布在忠县和丰都的大部分地区、石柱的西南部地区、武隆的乌江以东和以北地区;高度重要地区主要分布在石柱东南大部、长寿和涪陵大部,以及沿长江、乌江及各主要支流的河谷地区;此外,在长寿北部、涪陵南部以及石柱和丰都中部还有少量中等重要和一般重要地区分布。西部的都市区及周边区县为高度重要－极度重要地区,高度重要地区主要分布在平行岭谷的山谷和江河河谷地区;极度重要区主要分布在平行岭谷的山脊区;此外,研究区的中等重要以下地区主要分布在本区的南、北、西三个端点地区[图3-1(b)]。

3.3.3　水源涵养重要性评价

1. 水源涵养重要性的数量特征

总体上研究区水源涵养重要性各类型区面积和比例呈"U"形,即两端类型面积和比例大,中间类型面积和比例小。区内水源涵养一般重要区面积最大,为21028.52km^2,面积比例为45.56%;其次为极重要区,其面积和比例分别为13747.31km^{2}和29.78%;区内水源涵养高度重要以上地区面积占了近50%(表3-5)。各区县中,极重要区面积在700km^{2}以上的区县主要有涪陵、万州、开县、云阳、奉节、武隆、巴南、江津、巫溪、长寿、忠县、丰都和巫山十三个区县,部分区县如渝北、江北、南岸等虽然面积相对较小,但比例较高,都在30%以上,有的甚至超过了50%;高度重要地区面积比例较大的区县有石柱、奉节、巫溪、巫山、万州、丰都、武隆等区县,面积比例都在20%以上。

2. 水源涵养重要性的空间特征

研究区水源涵养重要性空间分布的总体特征表现为极重要区沿江河呈带状分布,少部分极重要区呈斑块状散布;高度重要区除石柱、丰都部分地区呈片状集中分布外，其余均主要分布在极重要区两侧沿江河环带状分布，以及东北部地区零星块状分布；中等重要地区主要沿江河环带状分布在高度重要区外侧；一般重要区由于面积较大，呈连片分布［图 3-1(c)］。通过观察可以发现，研究区水源涵养极重要和高度重要区基本分布在长江及其主要支流两侧第一层山脊线以内的库区生态屏障带内，对维持水库水质、减少泥沙淤积、雨水汇流、调蓄洪水等都发挥着极其重要的作用。

3.3.4　营养物质保持重要性评价

1. 营养物质保持重要性的数量特征

研究区营养物质保持数量上基本呈峰值向左的偏态分布。高度重要区面积最大（25048.22km²），占了全区面积的 54.27%；其次是极重要区（11789.13km²），其比例为 25.54%；中等重要和一般重要区基本相当，面积比例都在 10% 左右。区内营养物质保持高度重要以上面积占了研究区总面积的 90% 多，可见本区营养物质保持的重要性。各区县中，万州、长寿、江津、涪陵、巴南、丰都、忠县和云阳极重要区面积都超过了 800km²，比例也基本都超过了 30%。由于长寿湖是研究区面积最大的湖泊，同时也是长寿及周边地区重要的水源地，因此长寿区营养物质保持极重要区的面积比最高达到了 95% 以上。都市区内的渝北、江北、南岸、大渡口等区，虽然极重要区面积相对要小，但比例却均在 50% 以上。

2. 营养物质保持重要性的空间特征

总体上，研究区内营养物质保持极重要区基本沿江河、湖库两侧的小流域呈条带形分布，尤其在长寿、涪陵北部、渝北东部和巴南东部，极重要区沿长江两岸连片分布；高度重要地区由于面积大，所以基本沿极重要区两侧大面积片状分布；中等重要和一般重要区呈团块状散布，但更多集中在东北部和西南部［图 3-1(d)］。

3.3.5　生态系统服务功能重要性综合评价

1. 生态系统服务功能重要性的数量特征

从表 3-5 可以看出，研究区生态系统服务功能极重要和高度重要区的面积和比例分别为 12747.59km²、27.62%、10401.00km²、22.53%。二者的面积超过了研究区总面积的 50%，由此可见本区生态系统服务功能的重要性。中等重要区面积和比例是各类型区中最大的，分别为 17940.04km² 和 38.87%。一般重要区面积和比例虽然最小，为 5069.90km² 和 10.98%。各区县中极重要区面积在 800km² 以上的区县有万州、开县、云阳、石柱、巫溪、涪陵、丰都，其中万州和开县都超过了 1000km²。这些区县除涪陵外均分布在研究区的东北部地区，这些地区是三峡水库的核心地带，生物多样性高，属生境、水土流失和石漠化等较敏感的地区，这一地区对维持库区生态系统的稳定及其服务功能的发挥具有重要作用。另外一些区县，如江北、长寿、渝北、巴南、南岸、忠县等虽然极重要区面积相对较小，但其在本区的面积比例也都超过了 30％。各区县高度重要区面积和比例的数量特征与极重要区基本一致，也是东北部区县（万州、云阳、奉节、巫山、开县、丰都、巫溪等区县都在 600km² 以上）和西部的江津（747.36km²）、涪陵（722.64km²）和中南部的石柱（762.24km²）、武隆（668.92km²）面积较大。

2. 生态系统服务功能重要性的空间特征

空间上，生态系统服务功能极重要区基本是沿长江、乌江、小江、汤溪河、梅溪河、大宁河等主要江河及其他一些主要河流两侧第一层分水岭呈条带形分布；西部平行岭谷区的缙云山、中梁山、铜锣山、明月山等山体的山脊也呈带状分布着极重要区；此外，还有一部分极重要区呈团块状散布在东北部、中部和西南部地区，主要分布在开县的北部、巫溪的西北角和东北角、巫山的北端、石柱的西端、忠县和武隆的交接处、长寿的北部、巴南的东部和江津的南端少部分地区。高度重要区基本沿极重要区两侧呈环带形分布，少部分零散分布。中等重要区集中连片分布在东北部的开县、巫溪、云阳、奉节、巫山，以及中部的忠县、丰都、石柱等区县；其他地区基本呈星状散布，尤其是西部地区。一般重要区则主要集中分布在西部和中部地区，西部的都市区一般重要区分布最为集中；中南部的涪陵南部、武隆南部也有大面积分布；此外，丰都东部、石柱西南部、忠县西南角也有一定面积分布；东北部主要在巫溪中部、巫山西北和南部、奉节西端和南部有一部分一般重要区呈团块状点缀分布在其他类型区之间 ［图 3-1(e)］。

3.4　本章小结

三峡库区（重庆段）具有重要的生态地理位置，是中国乃至世界最为特殊的生态功能区之一。这一区域对维护区域生态系统稳定具有重要意义，该区域为长江流域甚至全国都提供着重要的生态服务功能。鉴于研究区生态系统服务功能的重要性以及目前相关研究的局限性，本章从生物多样性保护、土壤保持、水源涵养以及营养物质保持等本区最为主要的生态系统服务功能入手，对研究区的生态系统服务功能进行了深入细致的分析，定量揭示了研究区生态系统覆盖功能重要性程度及其空间分布特征与规律。

　　研究结果表明:①生物多样性保护高度重要以上地区的面积比达到了15%以上;极重要地区主要呈斑块状分布在东北部、中部和东南部。②土壤保持极重要区占据绝对优势地位,面积比例为68.80%;土壤保持极重要区主要分布在万州及其东北部地区。③水源涵养一般重要区面积最大,其次为极重要地区;极重要区沿江河呈带状分布,高度重要区主要分布在极重要区两侧沿江河环带状分布。④营养物质保持高度重要区面积最大;其次是极重;极重要区基本沿江河、湖库两侧的小流域呈条带形分布;高度重要地区基本沿极重要区两侧大面积片状分布。⑤生态系统服务功能极重要和高度重要区的面积占到了研究区总面积的50%以上;极重要区基本沿主要江河两侧第一层分水岭和西部平行岭谷区的山脊呈条带形分布;高度重要区基本沿极重要区两侧呈环带形分布,少部分零散分布。

　　需要说明的是,本章所做研究的基础数据均由遥感影像解译或者GIS空间分析得到,数据处理存在的误差必然会影响分析结果的准确性,尽管如此,研究区生态系统服务功能重要性的地理空间格局特征仍然能够得以充分反映。同时,由于数据的缺乏,本研究仅对区域单一时段的生态系统服务功能重要性进行研究,若能有时间序列数据则更能反映研究区生态系统服务功能的时空演变规律。因此,丰富数据来源、提高数据的准确性、辨识区域生态系统服务功能的内在机制,并在此基础上建立有效的生态环境保护机制是下一步研究的重要方向。

第4章　三峡库区(重庆段)生态系统服务功能定量遥感测量与价值估算

　　随着生态环境问题的不断出现以及可持续发展意识的不断发展，人们意识到人类社会的前进不能仅仅以经济发展来作为衡量标准，而更多地要靠生态环境的可持续利用发展。同时，科学实践打破了古老的人定胜天的幼稚想法(辛琨，2001)。一直以来人们不断的尝试着，试图创造一个人为的生物圈，但迄今为止，这些努力都没有成功。例如，美国"生物圈Ⅱ号"就是一次以失败而告终的尝试。这又让人类认识到了可持续发展的重要性，生态系统服务功能是人类生存发展和现代科学技术发展的基础，人类可以通过科技手段影响但是不可能替代生态系统服务功能。美国学者 Dariy 在 1997 年正式给出了生态系统服务功能的定义。同年，美国学者 Costanza 等(1997)对全球生态系统服务功能价值进行了一次评估，得出 1994 年全球生态系统服务功能价值约为 33 万亿美元，约为当年全世界国民生产总值的 1.82 倍。该论文的发表引起了全球范围内的热议，同时引发了各界学者对生态系统服务功能的研究。

　　生态系统服务功能主要是指生态系统与生态过程所形成与维持的人类赖以生存和发展的自然环境条件及效用，是指人类直接、间接从生态系统中所得到的利益，主要包括向经济社会体系把有用物质和能量输入并接受和转化来自经济社会体系制造的废弃物，以及直接向人类社会成员提供服务(如气体调节、水土保持、涵养水源、营养物质的循环、野生动植物保护、科研文化等)(Costanza R et al.，1997)。近几年来，生态系统服务功能价值的估算与研究已经受到了广大学者的关注，大家开始根据生态学、生态经济学、资源经济学等各个角度来探讨生态系统服务功能的意义与内涵并对其进行相关的定量评价(李少宁，2007；欧阳志云等，2002)。

　　随着可持续发展思想的深入及学者们对可持续发展机制的深入研究，人们发现要实现可持续发展必须以维护与保持生态系统服务功能为基础。同时为了使生态服务功能更好地为人类社会经济的发展做服务，这就需要人们对不同生态系统服务质量的组合进行一定的选择，对各种的激励和维护政策措施进行比较，因此对生态系统服务功能的价值做相应的分析与评价已成为当今世界生态学、生态经济学、经济学研究的热点、重点问题和前沿课题。目前国内外众多学者对多类生态系统服务功能进行了不同程度的定性描述及定量评价,这些研究的重要意义主要表现为以下几个方面:①有利于使人类的环保意识得到提升;②为进一步的生态系统服务功能区划和生态环境建设规划奠定了科学的理论与技术基础;③为区域可持续发展决策及政策的制定创造了科学理论依据;④促进人类社会的和平发展与稳定持续的进步;⑤促进人类对商品观念新的定义及认知。

三峡库区在维持整个长江流域生态安全上有着重要的作用,是全国性生态屏障地区,三峡库区的生态环境恢复与重建工作关系到整个国家和民族的生态安全和可持续发展。因此,三峡库区在生态补偿制度方面的发展与积极建构是关系到三峡工程长治久安的需要,是保护三峡库区和长江流域乃至整个国家生态环境的需要,是实现社会公正平等、构建和谐社会环境的必然要求,同时也可以为国家相关生态补偿立法工作积累一定的经验。这就需要确切了解这个公共生态产品究竟能够为全国人民提供多大的生态服务功能,其价值究竟有多大?但是,国内外文献还未见到有关三峡库区生态服务功能测量及其价值估算的研究成果。

基于上述分析,本章的目的是利用遥感与 GIS 技术,在对生态系统类型、质量状况参数测量的基础上,结合前人研究成果建立三峡库区生态系统服务功能定量遥感测量与价值估算模型,对三峡库区(重庆段)生态系统服务功能进行定量遥感测量,并对其服务价值进行估算,以科学反演库区生态系统服务功能及其价值的时空分布与数量特征,为进一步推动三峡库区生态环境保护,建立区域生态补偿政策与制度进行探索性研究。

4.1　国内外研究现状

生态系统服务功能评估是人类对自然与生态系统认知成果应用于经济决策的桥梁(欧阳志云 等,1999)。20 世纪 90 年代以来,由于生态环境问题的日益突出以及相关学科研究的发展与进步,以生态系统服务功能为核心的相关研究备受各界广大学者的关注,国内外围绕生态系统服务功能意义、类型划分、评估指标的建立及评估方法等方面进行了大量积极探讨,对森林、草地、农田、湿地、河流、城市以及区域等生态系统服务功能进行了众多的评估研究(王玉涛 等,2009;于新晓等,2005;赵同谦 等,2004;于格 等,2007,;姜立鹏 等,2007,;孙新章 等,2007;崔丽娟 等,2004;刘晓辉 等,2008;全为民 等,2007;李文楷 等,2008;陈仲新 等,2000;潘耀忠 等,2004;白雪 等,2008)。

4.1.1　传统意义上生态系统功能服务功能价值估算的研究进展

人类对生态系统服务功能的探索研究起步于 1864 年,美国学者 George Marsh 首先提出的生态系统具有在人类生产生活中提供各种服务的能力。他在 *Man and Nature* 一书中指出:空气、水、土壤和动植物等自然因素都是大自然赋予我们的宝贵的财富(London J et al.,1970)。而最早的一部系统论述森林对各种环境影响作用的著作是 Fernow 所著的《森林的影响》,该书于 1902 年出版,但是也仅限于学术界。1960 年美国国会首先又通过了森林多种效益法案,联合国粮农组织第八届大会组织学者于 1962 年将《森林的影响》这部著作补充后出版,该书对后来的森林价值的测量以及评价方法的研究与发展都起到了举足轻重的推动和引导作用。20 世纪 60 年代美国的 M. Clauson 提出了关于"市郊森林游憩价值的方案"的一种研究。日本在全国范围进行了森林公益价值的量算和评价,并把森林效益划分为七种效能,即涵养水源的功能、防止水土流失的功能、防止崩塌效能、保护野生动植物功能、供给氧气和净化大气功能、游憩娱乐的功能、降低噪声的功能(吴岚 等,2007)。

地球生物圈以及生态系统是人类赖以生存和维持发展的物质基础。随着全球范围的资源、环境与人口问题的日益突出,生态系统服务功能及其价值评估受到了各界的广泛关注,成为当今世界生态系统可持续性研究的热点之一(岳书平 等,2007)。20 世纪 70 年代,SCEP 在《人类对全球环境的影响报告》中首次对生态系统服务功能提出了一个完整的概念,并列举了生态系统对人类在生态环境中的服务功能(谢高地 等,2001)。Holder(1974)、Westman(1977)等先后进行了全球生态系统服务功能的研究。至此,生态系统服务功能价值评估的概念及理论方法产生。1997 年,Daily 等(1997)第一次比较系统、全面、深入和综合的研究了生态系统服务功能的各个方面、各个层次,并受到了比较深入和广泛的关注。

不过真正把生态系统服务功能上升到生态学研究前沿的学者是美国的 Costanza(1997),他在《自然》杂志上发表了题为《全球生态系统服务功能价值估算》的论文,文章中将全球生态系统划分了 16 种类型,涵盖了 17 种服务功能,其中包括:调节大气、调节气候、干扰调节、调节水分、供应水资源、控制侵蚀与沉积物滞留、土壤形成、养分循环、废物处理、授粉、生物控制、避难所、食物生产、原材料、基因资源、休闲娱乐等。这一研究结论在全世界相关领域引起了普遍的关注,引发了人们对生态系统服务功能及其价值评估的热议与思考,尤其是对生态系统服务功能的内涵及其价值评估的技术方法方面引起了很多专家和学者的进一步深入调查研究。许多学者从不同角度出发对生态系统服务功能及其价值评估方法进行了各种研究(Bolund P，1999；Bjorklund J，1999；Holmund C，1999)，*Ecological Economics* 杂志以专题及各种论坛的形式对有关生态服务功能及其价值评估的各种研究成果进行了汇集(窦闻 等，2003)。

新中国成立后，尤其是改革开放以来，中国在大力发展第二产业和提升经济能力的同时，资源紧缺及环境污染破坏等问题也日益突出，在促进经济发展的大目标下将生态与环境问题与经济发展相结合纳入人类所关注的重点问题已成为刻不容缓的趋势。在我国，著名经济学家许涤新在 1980 年率先对生态经济学方面开展了研究，首次将生态系统与经济发展因子相结合起来讨论；著名生态学家马世骏先生在 1984 年发表了题为《社会经济自然复合生态系统》的文章，第一次将生态环境建设与经济体系联系到一起，这都说明了中国的生态学家开始向经济学领域延伸。1990 年，《森林综合效益计量评价》论文集出版，这对我国开展森林综合效益估量评析研究进一步奠定了理论基础(刘青，2007)。

陈仲新等(2000)把中国植被划分成了 10 个陆地生态系统、2 个海洋生态系统，估算出中国生态系统每年的平均效应价值为 7.78 万亿元人民币(其中，陆地 5.61 万亿元，海洋 2.17 万亿元)。欧阳志云等(1999)对生态系统服务功能及各生态系统经济价值评价的理论与方法做了详细的总结分析，并从有机物质的生产、气体调节、营养物质的循环、水土保持、涵养水源、生态系统对环境污染的净化作用等 6 个方面对中国陆地生态系统服务功能进行了价值的估算，最终得到 6 个方面的总经济价值为 30.488 万亿元。此外，国内还有许多学者开展了区域尺度范围或单个生态系统服务功能价值估算的研究(蒋延玲 等，1999；薛达元 等，1999；肖寒 等，2000)。例如，张新时等(2000)人利用 Costanza 的参数，估算得出我国生态系统服务功能的总价值为 77834.48 亿元人民币/a；高旺盛等(2003)运用市场价值法、替代工程法、影子价格法、机会成本法等对我国黄土高原丘陵沟壑区安塞县的 7 种不同类型农业生态系统的 6 类功能(即土壤保持功能、涵养水源功能、固定二氧化碳和释放氧气功能、维持营养物质循环功能、净化环境功能等服务功能)进行了价值核算，经初步估算得出安塞县农业生态系统年服务功能的价值总量为 316.987046 亿元。

过去的几十年中，特别是在 20 世纪 90 年代以来，对各类生态系统的各种服务功能价值估算都进行了大量研究。然而，至今国内外还没有形成公认的、较为完善的生态服务功能测量及其价值估算的理论和方法体系，仅仅停留在人们所能触及的范围。生态系统服务各功能在评价方法上存在的差异，导致同一地区所得出的结果往往差异相当大，特别是不同学科、时代背景下的研究，对生态系统服务功能估算所要考虑的因子及角度的差异，使得估算出的同一区域相同功能价值差异也非常大；但是生态系统服务功能价值考虑了价格问题，而价格往往是根据不同时期不同估算方法如影子工程法、市场价值法等来表示价格(石瑾 等，2007；张朝晖 等，2007；周可法 等，2004)，因此也导致所得出的生态系统服务价值具有相当大的差异。国内外现有有关生态系统服务功能及其价值评估方面的研究成果基本上都是利用单位面积价值量对总量的一种静态估算，对不同的生态系统类型、不同质量状况的时间和空间差异缺乏一定的分析考虑，因此最终估算出的结果很难科学地反映生态系统服务功能及其价值在时空分布上的状况。总的来说，全球和区域生态服务功能全覆盖的测量和价值估算方面的研究仍然处于探索阶段。由于生态系统环境和生态系统不同类型的服务功能所表现的空间异质性，大尺度的估算基本上是从点上的估计推算到全球范围或全国范围的总价值，这就不可避免地产生了许多的误差，从而需要在区域尺度上进行更为准确、精细的测量与估算，既研究某一区域内部生态系统服务功能的数量特征，同时还需要深入研究其地理空间、时间上的分异特征。

4.1.2 应用 RS 和 GIS 技术的生态系统功能服务价值估算进展

GIS 是基于计算机管理、处理、分析空间数据的信息系统。空间数据是指用来表示空间实体的空间位置、大小特征与专题属性的数据，通常包括不同来源和数据形式的遥感信息数据、地形因子数据、专题图数据、野外采样数据、统计调查数据等(赵英时，2003)。

自 20 世纪 60 年代以来，3S(GIS，RS，GPS)技术已经逐渐广泛应用于世界各种研究领域。在生态系统服务功能价值评估中加入 3S 技术手段已经成为一种必然的发展趋势，它可以给传统生态系统服务功能价值的评估方法、理论基础、评估技术路线带来新的活力。3S 技术不断地把生态系统服务功能价值在时空分布上数字化，从而逐渐提高、扩展了人类对生态系统服务功能的认识，也增强了研究者对这方面研究的深度。目前国内外已经存在着一些结合 3S 技术来分析关于生态系统服务价值的研究成果。国外如比利时、法国等利用 GIS 相关技术进行保土育肥、森林资产监测等的研究成果；其中 1997 年瑞典隆德大学 Jonas Ardo 利用 3S 系统对已经被破坏的那部分森林进行了评估分析。而在我国，肖寒等在 3S 技术的支撑下，对我国海南省的生态系统中土壤侵蚀现象的空间分布特征进行了定量的评估与分析，并估算了土壤保持功能上的生态服务价值(胡艳琳，2005)；潘耀忠等(2004)利用 NOAA/AVHRR 数据和一些其他辅助性数据测量了中国陆地生态系统的生态资产，得出结论：中国陆地生态系统每年的生态资产价值为 64441.77 亿元人民币，该研究结论显示出生态系统服务功能主要是体现在有机物质生产方面。姜立鹏等(2007)发表了题为《中国草地生态系统服务功能价值遥感估算研究》的论文，对 2003 年我国草地生态系统的服务功能价值进行估算。结果表明，我国草地生态系统总服务价值达 17050.25 亿元，平均是 48.44 万元/km²，是草地生产收益的 19 倍；而且研究发现不同类型的草地生态系统在单位面积价值分布上存在着显著的空间差异，从 5.62 万元/km² 变化到 99 万元/km² 以上。在论文中，作者提出一个草地生态系统服务功能价值遥感估算的技术方法，这个方法是基于植被净初级生产力(NPP)、植被覆盖度 $[f(x)]$ 及一些基于研究区的气象数据和相关统计数据等生态参数的。这种方法在一定程度上反映了有机物质生产的能力、固碳释氧能力等服务功能价值的空间差异，但是该模型参数却不能在水土保持功能价值估算中及涵养水源功能估算等服务功能上如实反映。

综上所述，在利用 RS 和 GIS 技术在生态系统服务价值评估已有研究中的主要不足体现在：①大多部分研究成果仅对生态系统服务功能的单一服务功能进行了估算，从而致使评估出来的生态系统服务价值有偏小的现象存在；②基于不用的遥感估算数据，只做简单地利用调整参数及单位面积上的生态服务价值相乘并不适合利用于所有生态系统的各种服务功能价值的评估。由于三峡库区在整个中国甚至全球所处的重要的生态、经济及战略意义，本研究将基于 RS 和 GIS 技术的基础上用四个时相跨度十年的数据对三峡库区(重庆段)生态服务功能做定量遥感估算与价值评估，以反映三峡库区(重庆段)生态服务功能的时空分布特征。

4.2　基础数据获取与处理

本研究利用 1998～2007 年 NDVI(normalized difference vegetation index，植被归一化指数)数据、气象数据、土壤数据等为数据源，总结前人已有的研究成果，选取本研究区生态系统服务功能评价指标以及价值评估方法，先计算各生态系统服务功能净初级生产力，然后以各种评价方法计算生态系统服务价值量。

气象数据主要来源于 1998～2007 年重庆市 34 个气象站点的气温、降水月值数据以及重庆市辐射数据；利用 ArcGIS 9.3 的插值工具，根据各气象站点的经纬度信息，通过对气象数据进行 Kriging 插值获取像元大小与 NDVI 数据一致、投影相同的气象要素栅格图。

遥感数据数据主要来源于国家自然科学基金委员会"中国西部环境与生态科学数据中心"(http://westdc.westgis.ac.cn)，SPOT/VEGETATION S10 按旬合成的 1998～2007 年空间分辨率为 1km 的东亚地区植被归一化指数产品；数据通过简单的几何校正后，在 ENVI 4.7 中经过波段计算，求取 NDVI 月最大值、平均值及最小值，并通过掩膜处理获取三峡库区(重庆段)数据；应用 2000 年 GIMMS AVHRR NDVI 8km 数据与其做一致性检验，检验得到其相关性系数达到 0.99383，一致性较高。但是本研究为小区域研究，为了估算数据更准确、科学，本研究运用 1km NDVI 合成数据做基础来进行估算。

重庆市植被覆盖分类图数据，是通过扫描堪测院制作的《重庆市地图集》中的植被类型图，经过几何较正和配准后，矢量化得到的；对其所划分的 36 细类，做简单的合并处理，最终合并为水域、针叶林、阔叶林、灌丛和灌草丛、草甸、水生植被、耕地与经济林地 8 类。

其他数据，GIS 数据如三峡库区(重庆段)行政图、重庆市行政图、重庆市土壤类型图、重庆市 DEM 数据。调查数据如重庆市主要植被类型 N、P、K 含量，重庆市林业生物量调查数据等，中国第二次土壤调查数据等。在 ArcGIS 9.3 环境下，把以上这些具有空间信息的数据都转换为与 NDVI 遥感影像统一的投影与像元大小，以便进一步地估算与分析。

4.3　植被净初级生产力和植被覆盖率的遥感估算

本研究目标是认识三峡库区生态系统服务功及价值的数量特征与地理时空分异规律；建立区域生态系统服务功能定量遥感测量与价值估算的技术路线与方法；弥补三峡库区生态系统服务功能测量与价值估算的空白，丰富典型生态系统敏感与脆弱地区生态系统研究；推动三峡库区生态环境保护，为制定生态补偿政策奠定科学基础。本研究的研究思路框架如图 4-1 所示：主要是将气象数据、遥感影像数据、地面观测与统计数据作为基础数据，经过层层估算，最终得到生态系统服务功能价值。

4.3.1　植被净初级生产力估算流程

植被净第一性生产力(NPP)是指绿色植物在单位面积、单位时间内所累计的有机物数量，是由光合作用所产生的有机质总量中扣除自养呼吸后的剩余部分(Walker B H et al.，1997；郑凌云 等，2007)，通常以干重表示。NPP 作为地表碳循环的重要组成部分，不仅直接反映了植被群落在自然环境条件下的生产能力，表征陆地生态系统的质量状况，而且是判定生态系统碳汇和调节生态过程的主要因子(Fleld C B et al.，1998)，在全球变化及碳平衡中起着重要的作用。NPP 的时空变化主要取决于植被、土壤和气候之间的复杂相互作用，并受人类活动和全球环境变化的强烈影响(Schimel D et al.，1995)。

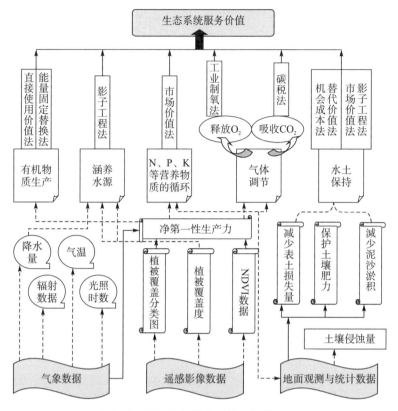

图 4-1　生态系统服务价值估算流程图

自 20 世纪 60 年代国际地圈-生物圈(international geosphere-biosphere programme，IGBP)计划以来，全球范围及区域 NPP 的大规模研究得到了很大的进步，国际地圈-生物圈计划、全球变化与陆地生态系统(GCTE)以及京都议定书中都把植被的 NPP 研究确定作为核心内容之一(Walker B H et al.，1997)。各国学者都曾不同程度地进行了大量的植物 NPP 测定，且都以测定资料为基础，结合区域内部气候环境因子，建立相关的模型，对植被 NPP 的区域分布趋势进行评估。而利用遥感技术获取数据并对地表植被净初级生产力的模拟估算，是最近十年来 NPP 估算在模型研究和计算方法上最为突出的进步与最大的特点。由于遥感估算方法不受过程模型所需的特定观测条件限制或因素的影响，因而一出现就得到了迅速发展。本研究将结合 RS 与 GIS 工具对植被 NPP 做估算，图 4-2 为本研究 NPP 估算流程图。

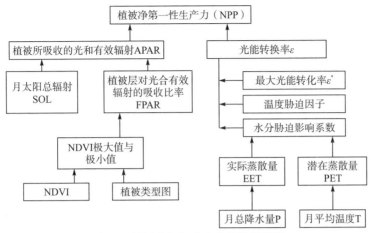

图 4-2 植被净初级生产力估算流程图

4.3.2 基于 CASA 模型的 NPP 估算过程

目前估算植被净第一性生产力的模型很多,Ruimy 等把这些模型概括为三类,即统计模型(statistical model)、参数模型(parameter model)和过程模型(process based model)。在以上这三种模型中过程模型为机理模型,其他两种模型为经验性、半经验性模型。本研究所应用的 CASA 模型属于过程模型范畴。CASA 模型在大尺度植被净初级生产力研究和全球碳循环研究中被广泛应用,CASA 模型是由遥感数据、气象数据、植被覆盖数据以及土壤类型数据共同驱动的光能利用率模型,属于过程模型范畴(Fleld C B et al.,1998;Potter C S,1993;齐晔 等,1995)。随着计算机技术、3S 等技术手段的不断完善,CASA 模型已成为大面积区域 NPP 和碳循环估算研究的重要手段之一。该模型可以以最低 10d 为时间序列单元进行 NPP 动态监测,而且仍可保持较好的稳定性(李贵才,2004)。CASA 模型中的 NPP 主要由植物吸收的光和有效辐射(APAR)和光能利用率(ε)两个变量来确定:

$$\text{NPP}(x,t) = \text{APAR}(x,t) \times \varepsilon(x,t) \qquad (4\text{-}1)$$

式中,t 表示时间,x 表示空间位置,$\text{APAR}(x,t)$ 表示像元 x 在 t 月吸收的光合有效辐射,$\varepsilon(x,t)$ 表示像元 x 在 t 月的实际光能利用率。

1. APAR 的估算

利用遥感数据估算光合有效辐射中被植物叶子吸收的部分(APAR)是根据植被对红外和近红外波段的反射特征实现的(朱文泉 等,2007)。光合有效辐射(0.4~0.7μm)是植物光合作用的驱动力,它与生物量有很强的相关性。植被所吸收的光合有效辐射取决于太阳总辐射与植被对光合有效辐射的吸收比例(FPAR),FPAR 可以由归一化植被指数(NDVI)和植被类型两个因子表示:

$$\text{APAR}(x,t) = \text{SOL}(x,t) \times \text{FPAR}(x,t) \times 0.5 \tag{4-2}$$

式中，$\text{SOL}(x,t)$ 表示 t 月在像元 x 处的太阳总辐射量；$\text{FPAR}(x,t)$ 为植被层对入射光合有效辐射的吸收比例；常数 0.5 表示植被所能利用的太阳有效辐射（波长为 $0.38\sim0.71\mu m$）占太阳总辐射的比例。

在一定范围内，FPAR 与 NDVI 存在着一定的线性关系，这一关系可以根据某一类植被类型 NDVI 的最大值和最小值以及所对应的 FPAR 最大值和最小值来确定（朱文泉 等，2007），即：

$$\text{FPAR}(x,t) = \frac{\text{NDVI}(X,T) - \text{NDVI}_{\min}}{\text{NDVI}_{\max} - \text{NDVI}_{\min}}(\text{FPAR}_{\max} - \text{FPAR}_{\min}) + \text{FPAR}_{\min}$$

$$\tag{4-3}$$

式中，$\text{NDVI}_{\min}$ 和 $\text{NDVI}_{\max}$ 分别是对应第 i 种植被类型的 NDVI 最小值和最大值，可以通过 ENVI 软件进行波段运算获取。$\text{FPAR}_{\min}$ 和 $\text{FPAR}_{\max}$ 的取值与植被类型无关，分别为 0.001 和 0.95（朱文泉 等，2007）。

2. 光能利用率的估算

光能利用率（ε）是指在一定时期内单位面积上所生产的干物质中包含的化学潜能与同一时间内投射到该面积上的光合有效辐射能之比（朱文泉 等，2004），是指植被把所吸收的光合有效辐射（APAR）转化为有机碳的效率。光能利用率的准确估算是利用 CASA 模型模拟植被净初级生产力的关键因素之一，模型作者提出在理想状态下植被存在着最大光能利用率（$\varepsilon_{\max}$），不同植被类型的月值为 0.389gC/MJ（Fleld C B et al.，1998；Schimel D et al.，1995；Potter C S，1993；齐晔 等，1995）。但是不同植被类型的光能利用率存在着很大差异（朱文泉 等，2004），受到温度、水分、土壤、植物个体发育等因素的显著影响，把它作为一个常数在全球范围内使用是不科学的，但是在目前的科研水平下无法通过试验来获得只能通过模拟来求取，彭少麟等（2000）利用 GIS 和 RS 技术估算了广东植被的光能利用率，得出结论 CASA 模型中所使用的全球植被月最大光利用率对于广东植被来讲有所偏低。本研究利用 Running 等（朱文泉 等，2007，2004；彭少麟 等，2000；Running S W et al.，2000；张明阳 等，2009）根据生态生理过程模型 BIOME-BGG 对 10 种植被类型所模拟出的结果（如表 4-1），对于本研究的其他植被类型如水生植被、水体等生态系统取 CASA 模型所估算的全球月平均最大光利用率 0.389gC/MJ。

表 4-1　植被类型及其对应的最大光能利用率参数

植被类型	常绿针叶林	常绿阔叶林	落叶针叶林	落叶阔叶林	混交林	落叶灌丛及稀树草原	稀疏灌木	矮林灌丛	草地	耕作植被
最大光能利用率 $\varepsilon_{\max}$/(gC/MJ)	1.008	1.259	1.103	1.044	1.116	0.768	0.774	0.888	0.608	0.604

现实条件下，ε受温度和水分的影响，可以表示为：

$$\varepsilon(x,t) = T_{\varepsilon 1}(x,t) \times T_{\varepsilon 2}(x,t) \times \bar{\omega}_{\varepsilon}(x,t) \times \varepsilon_{\max} \qquad (4\text{-}4)$$

式中，$T_{\varepsilon 1}(x, t)$和$T_{\varepsilon 2}(x, t)$分别表示低温与高温两者对光能利用率所起的胁迫作用，可以采用 Potter 提出的方法(石瑾 等，2007)基于最适温度和月均温进行估算。$W_{\varepsilon}(x, t)$作为水分胁迫影响系数，反映植被所能利用的有效水分条件对光能利用率的影响，随着环境中有效水分的增加，$W_{\varepsilon}(x, t)$逐渐增大，它的取值为 0.5(在极端干旱条件下)到 1(非常湿润条件下)。

4.3.3　植被覆盖率的遥感估算

植被覆盖率 $f(x)$是指植被投影面积在单位面积上所占的比例，它和叶面积指数两者可以作为衡量地表植被数量的标准。归一化植被指数(NDVI)是指近红外波段与可见光波段数值之差与这两个波段数值之和的一个比值。植被覆盖率与 NDVI 数据存在一定的关系(赵英时，2003)：

$$f(x) = \frac{DNVI - NDVI_{\min}}{NDVI_{\max} - NDVI_{\min}} \qquad (4\text{-}5)$$

式中，$f(x)$为某像元的植被盖度；NDVI 为所求像元的植被指数；$NDVI_{\min}$、$NDVI_{\max}$分别为研究区内植被指数的最小值、最大值。

如图 4-3 所示，三峡库区(重庆段)1998～2007 年平均植被覆盖度东高西低，最高值集中分布在巫山县、巫溪县、奉节县、石柱县所在的山地地区，而涪陵区、江津区及主城区植被覆盖度较低。平均植被覆盖度值在 0.47～0.58，由此可以看出，三峡库区(重庆段)植被覆盖度较好。

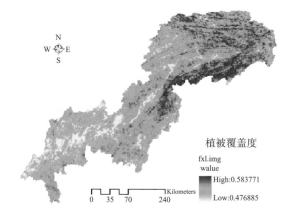

图 4-3　三峡库区(重庆段)1998～2007 年平均植被覆盖度分布图

4.3.4　三峡库区(重庆段)植被 NPP 及时空格局

根据 CASA 模型计算，三峡库区(重庆段)1998～2007 年三峡库区(重庆段)

植被的单位面积年平均 NPP 值为 324.015gC/m²。据全国 NPP 及总面积推算，全国植被单位面积的平均 NPP 为 176gC/(m²·a)(柯金虎 等，2003)。由此可以看，三峡库区植被生产力在全国植被生产力中的重要地位。

1. 植被 NPP 在不同植被覆盖区域的变化情况

三峡库区(重庆段)不同植被覆盖区域 NPP 值的变化情况如表 4-2 所示，各年都以阔叶林植被单位面积生产力最高，其次为灌丛和灌草丛植被、针叶林植被、草甸、水生植被，水域生产力最低。阔叶林植被由于叶面积较大，对光、热、水等因子的吸收力强，因此单位面积 NPP 生产力最高；灌丛和灌草丛由于枝叶茂盛，对光照因子的吸收，对水分的吸收利用都较强；而针叶林植被虽然根系发达，但是枝叶稀疏，叶面积指数较低，因此多种因子结合下针叶林植被的 NPP 估算值略低于灌丛和灌草丛植被估算值；而水域受气温、降水、光照等的影响所造成的变化比其他生态系统的影响相对较小，以致其生产力较低；耕地与经济林木单位面积 NPP 生产能力都较低，这主要是由于耕地作物的更替及根系、叶面积、枝干等结合人为因素共同作用产生，但是由于耕地占研究区面积最大，以至于耕地对研究区植被 NPP 总值的贡献率最高。

同时，各植被 NPP 在各年内的变化如表 4-2 和图 4-4 所示，8 类覆盖植被均在 2005 年出现十年内的最高值，这反映了光、热、水协同条件最好的时候是各类覆盖植被的 NPP 最高的时候；最低值都出现在 2006 年。这主要是由于 2006 年出现的高温伏旱，导致光、热、水协同条件受限，从而出现了十年内的最低值；而各类覆盖植被年际间变化规律基本一致，只有在 2007 年水域的 NPP 值略高于水生植被。

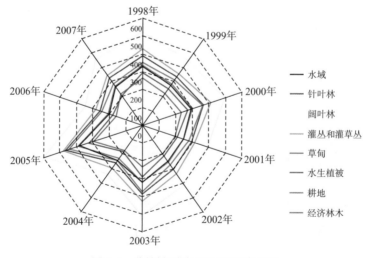

图 4-4　分植被覆盖下的 NPP 变化图

表 4-2　1998～2007 年三峡库区(重庆段)植被 NPP 平均值　　　　单位：gC/m²

植被类型	水域	针叶林	阔叶林	灌丛和灌草丛	草甸	水生植被	耕地	经济林木
面积/km²	728	9897	4923	1448	1622	42	26911	590
1998 年	261.4736	387.4774	520.5046	428.0645	351.7286	294.3616	336.4367	329.7211
1999 年	219.9548	331.8724	445.1192	355.0198	311.0623	249.9263	283.2978	273.0518
2000 年	231.4698	369.8525	494.3357	409.7417	361.8367	272.0867	303.9235	292.1875
2001 年	194.495	295.245	393.273	317.169	277.331	210.195	248.737	249.155
2002 年	198.623	198.623	409.392	331.770	273.366	212.617	254.465	251.191
2003 年	234.222	385.168	509.343	423.703	370.889	289.098	318.667	319.108
2004 年	178.2943	261.6925	334.2573	298.0607	246.0487	187.0625	229.8935	243.3263
2005 年	294.4845	463.8563	594.0124	474.6374	444.4087	322.9547	387.8114	380.1908
2006 年	155.8773	254.1742	342.7243	281.1000	246.1125	180.7641	206.7722	198.9173
2007 年	213.5831	323.5274	455.9835	343.1117	284.1635	202.1702	267.1487	261.2515

2. 植被 NPP 的区域变化趋势

将 1998～2007 年植被年均 NPP 统计出 NPP 各年年平均分布图、十年平均分布图、十年季相变化图(如图 4-6 所示)。三峡库区(重庆段)1998～2007 年年均植被 NPP 在 184.8～515.548gC/m²，从整体区域变化状况来看，高值主要体现在大巴山山区所在的巫溪县、巫山县等及渝东南山区所在的奉节县、石柱县、武隆县等区域，低值主要在忠县、涪陵区及主城区大片区域。其中从各区域的单位面积平均值(如表 4-3)来看，巫溪县在 2005 年出现了多年间区域内部最高值，值为 607.431gC/m²，忠县在 2006 年出现了多年间区域内部最低值，值为 160.94gC/m²。

高值区域主要是分布在山地地区，在山地地区植被人为破坏少、覆盖密度高，针阔叶林分布广并且较为密集，所产生的光能利用率高，使得这一地区 NPP 生产力增强；同时，山地地区降水量较高，降水量增加可以改善土壤的水分供给条件，增强光合速率，从而提高生产力而且国家政策对生态环境的保护与建设，使得这一地区植被 NPP 较高；我们通过 NPP 与降水量、植被覆盖度的相关性研究，发现在大巴山山地地区植被覆盖度高，出现了 NPP 的高值区域。低值区域主要是由于长江流域两岸 30m 生态消落带所在区域及城区；而在长江沿岸生态消落带由于植被覆盖度低及针阔叶林植被面积较小、分布不集中，且耕地面积广阔，影响到 NPP 计算因子中光能利用率因子较低，最终影响 NPP 较低；而低值区域由于降水量不高及温度较高，致使光、热、水没有达到植物生长的最佳要求，从而制约植被 NPP 的生产量。

表 4-3 植被 NPP 县域统计表

年份		巫溪	开县	巫山	云阳	奉节	万州	忠县	石柱	丰都	长寿	渝北
	MIN	348.428	279.656	337.324	273.479	309.540	253.112	213.600	251.967	220.271	202.416	227.719
1998	MAX	625.669	521.632	617.317	551.669	643.531	527.716	355.457	534.333	492.558	328.153	381.996
	MEAN	488.432	391.137	458.919	391.365	461.225	354.853	276.349	383.155	339.434	270.544	297.979
	MIN	309.108	257.744	284.740	238.343	275.060	216.522	183.519	194.831	181.223	174.678	205.923
1999	MAX	539.677	483.131	477.597	456.732	509.058	457.867	320.028	476.363	397.344	266.429	303.561
	MEAN	418.942	353.225	364.342	326.812	374.737	315.863	240.063	343.436	284.008	225.705	252.471
	MIN	356.164	271.177	323.109	250.172	305.873	250.705	178.112	228.513	183.881	178.399	206.736
2000	MAX	647.058	640.560	571.328	525.858	572.266	488.456	344.270	518.199	447.676	277.031	301.099
	MEAN	515.304	403.959	429.092	376.656	440.372	353.463	243.268	370.564	295.875	230.077	250.234
	MIN	183.100	202.869	155.978	144.006	151.074	145.576	117.435	121.676	139.101	158.975	167.185
2001	MAX	475.732	499.090	422.374	439.162	524.045	433.452	282.458	528.901	453.708	292.317	315.654
	MEAN	315.904	292.220	262.166	248.868	296.624	254.443	199.099	329.706	269.102	235.527	255.413
	MIN	190.934	187.908	148.791	149.762	143.165	150.218	115.834	131.479	140.775	158.594	167.062
2002	MAX	448.126	422.418	454.109	460.263	542.744	450.723	303.727	518.302	470.535	305.928	327.723
	MEAN	311.475	279.481	284.826	259.247	309.241	259.499	211.762	357.206	282.469	222.193	252.847
	MIN	280.757	259.424	216.080	204.716	203.501	189.131	156.490	172.133	176.319	182.260	185.165
2003	MAX	668.821	608.993	610.239	614.220	714.796	588.206	374.813	663.575	579.372	351.059	348.611
	MEAN	448.155	373.925	400.162	353.436	425.456	343.208	268.815	439.417	348.370	263.531	289.372
	MIN	242.968	159.646	249.746	171.845	235.919	161.085	136.031	143.239	128.305	135.824	182.471
2004	MAX	478.014	421.403	469.073	421.341	511.151	414.630	232.430	389.562	270.283	246.563	270.104
	MEAN	356.305	250.297	349.590	283.425	347.560	244.729	175.553	246.263	192.852	188.625	231.122
	MIN	426.736	315.570	333.103	304.217	347.672	309.728	242.781	291.339	228.936	231.198	268.894
2005	MAX	787.248	733.125	688.643	626.023	675.939	589.948	457.604	601.425	563.613	385.810	452.651
	MEAN	607.431	509.208	479.236	454.272	502.826	429.972	329.317	458.622	373.471	299.773	358.128
	MIN	237.972	175.383	221.418	168.896	219.458	160.658	121.915	140.609	145.341	123.794	143.543
2006	MAX	467.178	390.574	418.754	335.836	388.191	332.782	216.372	340.322	334.010	197.112	216.310
	MEAN	350.891	268.850	301.838	247.828	293.743	216.981	160.945	259.155	215.406	152.771	179.869
	MIN	264.889	185.368	235.893	187.935	241.922	169.600	142.962	171.464	177.114	179.385	207.257
2007	MAX	541.558	429.637	488.872	415.326	511.096	400.466	310.491	476.489	482.503	329.406	349.508
	MEAN	404.396	289.135	338.914	285.615	350.614	253.500	208.463	346.828	287.545	230.562	269.869

年份		北碚	涪陵	巴南	沙坪坝	江北	武隆	南岸	渝中	九龙坡	大渡口	江津
	MIN	249.227	239.098	244.661	258.163	253.804	321.727	252.497	261.558	245.233	256.147	233.355
1998	MAX	381.518	476.748	459.722	376.840	360.485	508.615	363.529	344.178	368.306	349.364	506.988
	MEAN	305.120	335.177	358.004	309.415	303.259	417.287	308.217	297.823	307.630	302.577	367.461
	MIN	217.448	198.233	204.124	215.341	219.575	263.307	207.338	225.386	216.882	229.834	208.238
1999	MAX	334.971	378.505	386.747	314.690	289.959	423.206	296.205	283.714	314.424	304.141	406.143
	MEAN	270.388	266.929	300.063	263.700	251.829	353.644	260.867	254.852	271.231	264.580	298.893

（续表）

年份		北碚	涪陵	巴南	沙坪坝	江北	武隆	南岸	渝中	九龙坡	大渡口	江津
	MIN	203.706	197.754	228.058	205.150	219.002	273.119	221.402	210.383	214.244	228.674	209.723
2000	MAX	314.398	370.131	385.300	290.426	281.889	473.147	299.040	284.306	284.564	278.616	438.736
	MEAN	252.574	263.122	301.419	243.423	253.378	367.991	260.845	252.023	246.200	255.055	296.697
	MIN	217.375	149.597	174.608	172.044	150.336	225.646	163.392	154.672	154.604	164.784	143.196
2001	MAX	408.900	354.242	315.981	391.091	235.985	480.297	222.931	184.238	300.490	248.983	456.212
	MEAN	293.500	221.632	259.990	273.845	202.583	373.593	198.017	170.561	222.718	209.132	277.707
	MIN	200.313	134.519	180.499	160.254	164.008	237.186	151.275	153.280	157.389	158.588	133.616
2002	MAX	408.973	391.659	344.940	368.631	267.171	508.240	251.894	194.847	314.815	251.212	465.246
	MEAN	282.585	230.649	263.057	267.603	207.300	410.101	206.275	172.865	223.570	214.938	269.738
	MIN	280.757	259.424	216.080	204.716	203.501	189.131	156.490	172.133	176.319	182.260	185.165
2003	MAX	668.821	608.993	610.239	614.220	714.796	588.206	374.813	663.575	579.372	351.059	348.611
	MEAN	448.155	373.925	400.162	353.436	425.456	343.208	268.815	439.417	348.370	263.531	289.372
	MIN	242.968	159.646	249.746	171.845	235.919	161.085	136.031	143.239	128.305	135.824	182.471
2004	MAX	478.014	421.403	469.073	421.341	511.151	414.630	232.430	389.562	270.283	246.563	270.104
	MEAN	356.305	250.297	349.590	283.425	347.560	244.729	175.553	246.263	192.852	188.625	231.122
	MIN	426.736	315.570	333.103	304.217	347.672	309.728	242.781	291.339	228.948	231.198	268.894
2005	MAX	787.248	733.125	688.643	626.023	675.939	589.948	457.604	601.425	563.613	385.810	452.651
	MEAN	607.431	509.208	479.236	454.272	502.826	429.972	329.317	458.622	373.471	299.773	358.128
	MIN	237.972	175.383	221.418	168.896	219.458	160.658	121.915	140.609	145.341	123.794	143.543
2006	MAX	467.178	390.574	418.754	335.836	388.191	332.782	216.372	340.322	334.010	197.112	216.310
	MEAN	350.891	268.850	301.838	247.828	293.743	216.981	160.945	259.155	215.406	152.771	179.869
	MIN	264.889	185.368	235.893	187.935	241.922	169.600	142.962	171.464	177.114	179.385	207.257
2007	MAX	541.558	429.637	488.872	415.326	511.096	400.466	310.491	476.489	482.503	329.406	349.508
	MEAN	404.396	289.135	338.914	285.615	350.614	253.500	208.463	346.828	287.545	230.562	269.869

3. 植被 NPP 的年际变化趋势

如图 4-5、表 4-4 所示，可以看出 1998～2007 年单位面积植被 NPP 的变化整体是呈现波动下降的趋势，在 2000 年、2003 年、2005 年出现明显的峰值，其平均 NPP 值分别为 356.083gC/m^2、357.163gC/m^2、445.234gC/m^2，其中以 2005 年达到多年间的最高值；在 1999 年、2004 年、2006 年出现明显谷值，其 NPP 平均值分别为 323.957gC/m^2、261.506gC/m^2、243.242gC/m^2，其中 2006 年为多年最低值。峰值主要是由于 2000 年、2003 年、2005 年没有特大气象灾害的发生，年内光、热、水分配均匀，达到了植物生长的最佳条件。谷值主要是由于研究区 1999 年出现洪涝灾害，从而制约了植被 NPP 生产力；2004 年研究区出现了 1982 年以来最强的一次暴雨及特大暴雨，致使光、热、水未能达到植被的最佳生长需求，从而制约了植被 NPP 的生产力；在 2006 年主要是研究区受到高温伏旱作用的影响。一般而言，气温与植被 NPP 的关系比较复杂，一方面温度增高可以增加光合速率，提高生产力；另一方面温度升高使得蒸散加强，土壤变干，光合速率下降。当后者的作用大于前者时，NPP 下降，而当前者大于后者时，NPP 增加（柯金虎等，2003；Daily G C et al.，1997；季劲钧 等，2005；苗茜，2010），而 2006 年高温伏旱的作用下，降水量减少，气温增高使得蒸发量增强，从而也导致了植被 NPP 的降低。

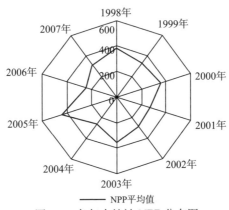

图 4-5　各年内植被 NPP 分布图

研究区从 1998 年开始，至 2005 年，呈现整体上升，内部有小幅度波动起伏的状况；1998～1999 年略有降低，这主要是由于连年的气象灾害所致；1999～2000 年略有升高，这主要是由于 2000 年主要是局地暴风引起的暴雨，相对灾害较轻，以致植被光、热、水生产力较佳；而在 2001 年、2002 年植被 NPP 生产力都较低，2001 年为异常伏旱发生年份，致使植被 NPP 生产力极低，2002 年有所增强，但是不明显；2003 年大幅度增强，但是到 2004 年由于特大暴雨灾害，致使植被生产力大幅度降低；到 2005 年为研究区十年内自然灾害最少，光、热、水协同率最高的年份，出现了植被生长的最佳环境，达到十年内植被生产力最高。2005～2007 年整体呈现下降的趋势，其中 2006 年受高温伏旱影响后，至 2007 年虽然西部地区有受到暴雨灾害的影响，但是 2006～2007 年植被生产力仍有升高。

表 4-4　植被 NPP 分年统计表　　　　　　　　　　（单位：gC/m²）

年份	NPP 平均值	NPP 最大值	NPP 最小值
1998 年	382.937	643.531	202.416
1999 年	323.957	539.677	174.678
2000 年	356.083	647.058	178.112

（续表）

年份	NPP 平均值	NPP 最大值	NPP 最小值
2001 年	276.481	528.901	117.435
2002 年	283.851	542.744	115.834
2003 年	357.163	714.796	126.12
2004 年	261.506	511.151	128.305
2005 年	445.234	787.248	228.936
2006 年	243.232	467.178	121.915
2007 年	309.516	541.558	142.962

4. 植被 NPP 的季节变化趋势

如图 4-6 所示，1998～2007 年三峡库区（重庆段）植被 NPP 在季节变化上：单位面积平均生产力夏季（6～8 月）为 675.705gC/m² ＞春季（3～5 月）为 368.2gC/m²＞秋季（9～11 月）为 207.944gC/m²＞冬季（1 月、2 月、12 月）为 49.495gC/m²，这主要由于研究区光、热、雨同期的因素，致使估算 NPP 的气候因素——降水、辐射、气温、光照等因子在夏季都达到最大、冬季最小，也因此影响到了 NPP 的季节分配。

1998～2007 年植被 NPP 的季相变化情况如图 4-6、表 4-5 所示。夏季，十年内植被 NPP 最高值体现在 2000 年，值为 1022.173gC/m²；其次为 2005 年，值为 985.491gC/m²。这主要是因为 2000～2005 年年内光、热、水同期，且协调分布均匀所致；而最低值主要体现在 2006 年，值为 318.321gC/m²，这主要是由于 2006 年重庆市高温伏旱致使光、热、水协调分配不均。春季，波动变化规律与夏季的相似，但是波动幅度较小，年际间差异不明显，最高值出现在 2005 年，值为 516.306gC/m²，2005 年春季的高值对 NPP 的平均值为十年间最高有重要的影响作用；最低值出现在 2006 年，值为 221.827gC/m²。秋季，各年波动变化规律与春、夏季基本一致，年际间没有较大的差异，最高值出现在 2000 年，值为 374.585gC/m²。冬季，年际间没有较大的差异，波动变化规律略有不同，最高值出现在 2006 年，值为 140gC/m²，这主要是由于 2006 年冬季高温伏旱结束，降水对植被的补给，促进了植被的生长，从而植被的光、热、水在协同作用下使得植被 NPP 值增加。

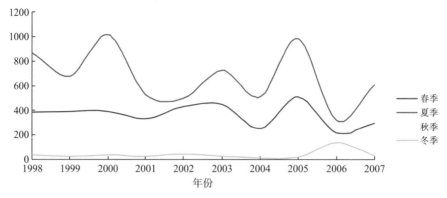

图 4-6　植被 NPP 季相变化图

表 4-5　植被 NPP 季节变化统计表

	1998 年	1999 年	2000 年	2001 年	2002 年
春季	385.187	392.322	392.067	332.375	433.567
夏季	872.889	682.174	1022.173	532.838	500.688
秋季	178.070	218.790	374.585	210.939	151.837
冬季	40.647	25.088	40.582	29.715	48.767
	2003 年	2004 年	2005 年	2006 年	2007 年
春季	454.516	255.847	516.306	221.827	303.066
夏季	723.804	512.245	985.491	318.321	615.273
秋季	220.692	216.688	195.307	182.567	132.617
冬季	29.599	14.714	18.411	140.000	32.748

5. 植被 NPP 结果验证

由于没有直接对三峡库区植被净初级生产力进行研究的文献,在此用涵盖重庆三峡库区的其他研究中结果与本书估算结果进行比对验证。朱文泉(2005)对中国 1989~1993 年不同时间植被分类结果所估算的 NPP 结果,由文中可以看出在 100~400gC/m²。柯金虎等(2003)对长江流域 1982 年到 1999 年植被净初级生产力进行估算,得到的结果由文献图中看出重庆为 100~400gC/m²。而本书计算的 1998~2007 年 NPP 值为 184~515gC/m²,且空间分布趋势相似。董丹等(2011)利用 CASA 模型对西南喀斯特 NPP 进行模拟计算,其中重庆市空间变化趋势与本书趋势一致,但其计算结果显示重庆属于中等值地区,1999~2003 年的 NPP 值为 285~480gC/m²。发现本书估算结果与董丹等估算结果相似,但是其文献计算为西南 8 省区 1999~2003 年的,而本书为 1998~2007 年三峡库区(重庆段)计算结果。由于区域尺度差异、时序的差别等,同时本书划分的植被类型中水生植被与水体最大光能利用率值较低等因素的影响,以致计算结果有部分差异(图 3-4)。综上所述，本书计算结果与其计算结果相近且空间变化趋势基本一致。

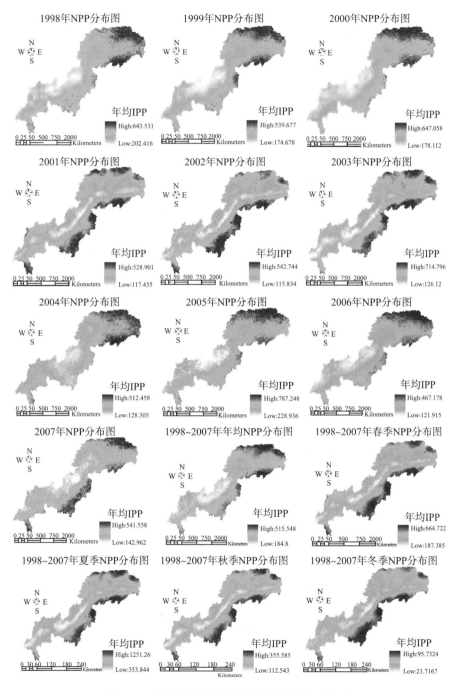

图 4-7　三峡库区(重庆段)植被平均 NPP 分布图

4.4　生态系统服务功能价值的估算

生态系统服务功能是指人类生物圈与生态过程所形成与所维持的人类赖以生存和发展的自然环境条件及效用(张明阳 等，2009；Daily G C et al.，1997)，是人类赖以生存和维持发展的基础条件(Ehrlich P R et al.，1992；LeMaitre D C et al.，2007)。如气候调节、水源涵养、水土保持、营养物质的循环、二氧化碳的固定和释放氧气等生态系统服务功能，这些服务功能想要用以商品货币表现出价值是相当困难的，往往表现为间接价值(李金昌 等，1999；李东海，2008)。但是，生态服务功能所创造的间接价值有可能大大超过其直接价值，而且直接价值常常来自于间接价值。生态系统在选择评价指标及评价标准的过程中，既要体现生态系统自身固定的结构与发展规律，还要体现其对生态、经济、社会环境的贡献、保护、增益和调节的功能，同时还要考虑评价指标的社会服务中所创造的功能价值。在这个总体原则的基础上，考虑到本研究是在 GIS 和遥感技术下完成的生态系统服务功能价值评估，因此所选择的评价指标不仅需要遵循以上的总体原则，即具有典型性、代表性、可物理量化性，还必须要考虑指标的独立性和可货币量化性(李金昌 等，1999；李东海，2008)。生态系统服务和功能并不一定要完全对应，在有些情况下，一种生态功能可能会提供两种或多种的服务，而且很多生态系统功能都是相互依赖相辅相成的。从宏观生态学角度上来看，基于 RS 与 GIS 手段的区域生态系统服务功能价值的评估，考虑到数据获取的可能性及可靠性，以及我国在这方面的已有的研究成果，由于本研究区域数据搜集的困难性，本研究结合前人经验与本地区生态环境对三峡库区(重庆段)以 5 个生态系统服务功能来评估生态系统服务价值，它们分别是有机物质生产功能、营养物质循环功能、涵养水源功能、气体调节功能、水土保持功能等。

4.4.1　有机物质生产功能价值

有机物质生产功能的实现是通过光合作用，光合作用(photosyndlesis)是指植物、藻类和某些细菌利用叶绿素，在可见光的照射下将二氧化碳和水份转化为有机物质，并释放出氧气的一种生化过程。对于生物圈的几乎所有生物来说，这个过程是它们赖以生存和维持发展的关键所在，地球上的碳氧有机循环，光合作用是生物所必不可少的。利用太阳光照，将无机物(如 CO_2、H_2O 等)合成为有机物的功能对于生态系统是非常重要的，是所有消费者以及还原者的食物基础。生态系统生产有机物质的价值是生态系统服务功能重的一项重要组成部分，因此对于准确、动态地估算有机物质的服务功能价值对于系统服务价值的估算、绿色 GDP 的核算、社会经济与生态环境的可持续发展都具有重要的指导意义和应用前景(李东海，2008)，对于三峡库区(重庆段)的生态建设与社会经济发展有着重要意义。

生态系统合成有机物的量可通过净初级生产力来反映，因而有机物质生产功能的价值可以采用能量替代法由 NPP 来估算，即把森林生态系统固定的碳转化为相等能量的标准煤的重量，由标煤价格间接估算有机物质生产的价值。碳的热值为 0.036MJ/g，标煤的热值为 0.02927MJ/g，标煤价格为 354 元/t(1990 年不变价)(岳书平 等，2007)，因此有机物质生产单位面积价值(单位：元/hm^2)为(张明阳等，2009)：

$$\text{NPP}(x) \times (0.036/0.02927) \times 354 \times 10^{-6} \text{ 元 }/\text{m}^2 = 4.353946 \times \text{NPP}(x)$$

$$(4\text{-}6)$$

通过以上方法，计算出三峡库区(重庆段)植被生产有机物质的价值情况如表 4-6 所示：阔叶林地生产有机物质能力最强，其多年单位面积生产价值达 1815.21 元/hm^2，这与估算过程中所用到的植被净初级生产力指标是密不可分的，由于阔叶林植被的 NPP 值最高，这也表示我们前期对植被 NPP 精确估算的重要性；同样水域与 NPP 的变化也一致，其生产有机质能力最低，服务功能单位面积平均值为 1058.1 元/hm^2。而针叶林因其面积相对较大，且单位面积服务功能价值较高，因此其在研究区服务功能总量凸显；耕地面积最大，虽然耕地单位面积服务功能价值不高，但是在研究区耕地创造的有机物质生产服务功能价值总量所占比例较高。

1998~2007 年有机物质生产服务功能价值的平均值为 789.419~2273.86 元/hm^2(如图 4-8 所示)，在研究区内的变化趋势与 NPP 的变化趋势相似，都是从大巴山区与渝东南向主城区逐渐递减的趋势，高值区域主要出现在巫溪、奉节、巫山、石柱、开县、武隆等区县，低值区域主要出现在忠县、涪陵及主城区的九龙坡区、沙坪坝等区县，只是低值区域面积广阔；但在时间上尤以 2005 年的有机物质生产价值最高。

表 4-6　三峡库区(重庆段)1998~2007 年有机物质服务功能服务价值情况

植被类型	面积/km^2	有机物质服务功能价值	1998 年	1999 年	2000 年	2001 年	2002 年
水域	728	平均值(元/hm^2)	1366.33	1145.57	1212.74	846.82	864.79
		总量(万元)	9946.88	8339.75	8828.75	6164.85	6295.69
针叶林	9897	平均值(元/hm^2)	1707.22	1460.97	1637.25	1285.48	1322.54
		总量(万元)	168963.56	144592.2	162038.63	127223.96	130891.78
阔叶林	4923	平均值(元/hm^2)	1976.29	1686.06	1883.98	1712.29	1782.47
		总量(万元)	97292.76	83004.73	92748.34	84296.04	87751.00

(续表)

植被类型	面积/km²	有机物质服务功能价值	1998 年	1999 年	2000 年	2001 年	2002 年
灌丛和灌草丛	1448	平均值(元/hm²)	1900.29	1571.9	1822.17	1380.94	1444.51
		总量(万元)	27516.2	22761.11	26385.02	19996.01	20916.50
草甸	1622	平均值(元/hm²)	1794.13	1581.04	1847.69	1207.49	1190.22
		总量(万元)	29100.79	25644.47	29969.53	19585.49	19305.37
水生植被	42	平均值(元/hm²)	1512.96	1282.98	1397.54	915.18	925.29
		总量(万元)	635.44	538.85	586.97	384.38	388.62
耕地	26911	平均值(元/hm²)	1584.8	1331.21	1436.88	1082.99	1107.93
		总量(万元)	42648.55	358241.92	386678.78	291443.44	298155.04
经济林木	590	平均值(元/hm²)	1617.06	1332.21	1440.54	1084.81	1093.67
		总量(万元)	954.07	7860.04	8499.19	6400.38	6452.65

植被类型	面积/km²	有机物质服务功能价值	2003 年	2004 年	2005 年	2006 年	2007 年
水域	728	平均值(元/hm²)	1019.79	941.959	1278.49	815.182	1089.29
		总量(万元)	7424.07	6857.46	9307.41	5934.53	7930.03
针叶林	9897	平均值(元/hm²)	1677.00	1161.27	2021.3	1124	1413.13
		总量(万元)	165972.69	114930.89	200048.06	111242.28	139857.47
阔叶林	4923	平均值(元/hm²)	2217.65	1286.7	2585.62	1301.61	1719.42
		总量(万元)	109174.91	63344.24	127290.07	64078.26	84647.04
灌丛和灌草丛	1448	平均值(元/hm²)	1844.78	1340.45	2063.91	1248.17	1504.86
		总量(万元)	26712.41	19409.72	29885.42	18073.50	21790.37
草甸	1622	平均值(元/hm²)	1614.83	1263.47	1931.26	1256.92	1446.79
		总量(万元)	26192.54	20493.48	31325.04	20387.24	23466.93
水生植被	42	平均值(元/hm²)	1258.72	963.449	1406.13	929.05	1039.12
		总量(万元)	528.66	404.65	590.58	390.20	436.43
耕地	26911	平均值(元/hm²)	1387.46	1088.61	1686.95	976.738	1250.23
		总量(万元)	373379.36	292955.84	453975.12	262849.96	336449.39
经济林木	590	平均值(元/hm²)	1389.38	1190.08	1649.64	979.882	1273.91
		总量(万元)	8197.34	7021.47	9732.88	5781.30	7516.06

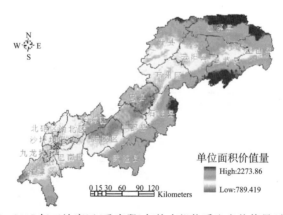

图 4-8　1998～2007 年三峡库区(重庆段)年均有机物质生产价值量(单位：元/hm²)

4.4.2　营养物质循环功能价值

生态系统中各种生物体内都贮存着多种多样的营养物质元素，并通过元素物质循环交替与外界环境进行元素的交换，维持着必须的生态过程。作为生态系统的基本功能与主要过程的营养物质循环，是生态系统生产力持久性的决定因素，同时对生物圈生物化学环境亦有着重大的影响，人为因素控制下的植被营养成分循环是建立可持续农/林业的物质基础(李金昌 等，1999；李东海，2008)。生态系统中的营养物质可以通过复杂的食物链网而循环再生，并成为全球生物地球化学循环中不可或缺的环节(张明阳 等，2009)。其重要营养物质氮、磷、钾吸收量单位面积可以折算为：

$$\mathrm{NPP}(x) \times R_{N1} \times R_{N2} \times P_N + \mathrm{NPP}(x) \times R_{P1} \times R_{P2} \times P_P + \mathrm{NPP}(x) \times R_{K1} \times R_{K2} \times P_K.$$

$$(4\text{-}7)$$

式中，R_{N1}、R_{P1}、R_{K1} 为生态系统营养物质分配率(如表 4-2)，R_{N2}，R_{P2}，R_{K2} 分别为纯氮/磷/钾折算为氮肥/磷肥/钾肥的比例，P_N，P_P，P_K 分别氮肥/磷肥/钾肥的均价为 2549 元/t(1990 年均价)，纯氮/磷/钾元素折算率分别为 79/14，506/62 和 174/78(张明阳 等，2009)。

表 4-7　中国陆地生态系统营养物质分配率表

	林地	灌丛	草地	耕地	建筑	难利用土地	水域
氮	0.00418	0.013294	0.013289	0.013288	0.013103	0.013273	0.004204
磷	0.00890	0.000920	0.000930	0.000900	0.000870	0.000910	0.009010
钾	0.00181	0.008904	0.008908	0.008915	0.008874	0.008909	0.001802

注：营养物质分配率和机会成本单位分别为 g/g 和元/(a·hm²)

三峡库区(重庆段)1998~2007 年营养物质循环功能服务价值情况如表 4-8 所示：研究区单位面积营养物质循环服务功能价值在 264.3~841.538 元/hm²，并且在阔叶林地也出现最高值，阔叶林地单位面积平均值达到 611.665 元/hm²；灌丛和灌草丛其次，单位面积平均值为 559.396 元/hm²；最低值是水域，单位面积平均值值为 397.132 元/hm²。各年营养物质循环的价值也呈现规律的波动(如图 4-9 所示)，仍然是 2005 年服务功能价值最高，服务功能价值总量为 31.623 亿元。由于估算过程中 NPP 的参与，在其他估算因子的影响下，其多年区域变化状况仍然与 NPP 区域变化趋势一致，高值区域主要出现在开县、奉节、武隆、巫溪、巫山等区县，低值区域主要出现在忠县、丰都及主城区的九龙坡、沙坪坝等区县；但是与有机物质生产的区域变化状况比较，可以发现营养物质循环的高值区域相对缩小。

表 4-8　三峡库区(重庆段)营养物质循环功能服务价值情况

植被类型	面积/km²	营养物质循环功能价值	1998 年	1999 年	2000 年	2001 年	2002 年
水域	728	平均值(元/公顷)	498.971	418.79	440.325	312.58	318.33
		总量(万元)	3632.509	3048.79	3205.566	2275.60	2317.44
针叶林	9897	平均值(元/公顷)	599.913	512.34	571.349	452.67	466.11
		总量(万元)	59373.39	50705.99	56546.41	44800.45	46130.71
阔叶林	4923	平均值(元/公顷)	678.178	578.09	645.081	589.54	614.88
		总量(万元)	33386.7	28459.12	31757.34	29023.25	30270.64
灌丛和灌草丛	1448	平均值(元/公顷)	655.606	545.33	631.62	482.41	503.27
		总量(万元)	9493.175	7896.44	9145.858	6985.25	7287.31
草甸	1622	平均值(元/公顷)	630.023	555.17	645.61	425.74	419.99
		总量(万元)	10218.97	9004.89	10471.79	6905.42	6812.17
水生植被	42	平均值(元/公顷)	538.28	475.03	497.462	326.12	329.65
		总量(万元)	226.077	199.510	208.934	136.97	138.45
耕地	26911	平均值(元/公顷)	565.962	475.57	511.614	388.97	397.17
		总量(万元)	152306.0	127979.84	137680.4	104676.25	106882.42
经济林木	590	平均值(元/公顷)	568.64	468.60	504.046	385.33	388.24
		总量(万元)	3354.976	2764.72	2973.871	2273.45	2290.63

植被类型	面积/km²	营养物质循环功能价值	2003 年	2004 年	2005 年	2006 年	2007 年
水域	728	平均值(元/公顷)	373.37	343.262	560.38	296.849	399.512
		总量(万元)	2718.13	2498.947	4079.566	2161.061	2908.447
针叶林	9897	平均值(元/公顷)	587.61	405.749	717.308	392.725	495.906
		总量(万元)	58155.86	40156.98	70991.97	38867.99	49079.82
阔叶林	4923	平均值(元/公顷)	762.35	438.051	773.292	445.828	590.984
		总量(万元)	37530.29	21565.25	38069.17	21948.11	29094.14
灌丛和灌草丛	1448	平均值(元/公顷)	640.00	457.188	731.485	431.959	523.095
		总量(万元)	9267.13	6620.082	10591.9	6254.766	7574.416
草甸	1622	平均值(元/公顷)	568.17	441.616	791.219	439.427	506.547
		总量(万元)	9215.73	7163.012	12833.57	7127.506	8216.192
水生植被	42	平均值(元/公顷)	448.21	342.226	590.544	330.686	369.571
		总量(万元)	188.25	143.734	248.028	138.888	155.219
耕地	26911	平均值(元/公顷)	495.54	387.906	652.441	348.157	447.145
		总量(万元)	133353.69	104389.4	175578.4	93692.53	120331.2
经济林木	590	平均值(元/公顷)	489.70	104.892	650.704	342.813	447.703
		总量(万元)	2889.21	416.146	3839.154	2022.597	2641.448

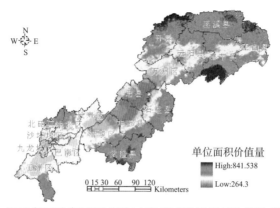

图 4-9　1998~2007 年三峡库区(重庆段)年均营养物质循环价值量(单位：元/hm²)

4.4.3　涵养水源功能价值

涵养水源是生态系统一个很重要的服务功能。生态系统主要通过截留降水、增加土壤的下渗、抑制水分的蒸发、缓和地表径流量和增加降水等作用来起到涵养水源的服务功能。植被涵养水源功能主要体现在各类生态系统对降水的截留、贮存与再分配等功能上，其功能的大小与强弱受生态系统植被类型及其土壤类型等因子的长期综合影响。它主要与植被类型及各类型植被性质及在研究区的现存量、土壤层厚度与孔隙度等因素有着密切关系。随着人类对环境的利用与人为造成的破坏，自然生态环境不断地发生着变化，生态系统的多功能性作用正受到国际上越来越多的关注。而社会各界的学者们正在不断地探索着生态系统各种植被涵养水源功能及对其价值评价体系的构成、正确估算与评价的方法，同时也是进行经营管理与开发利用生态系统、实现最优经营与应用的前提条件(何斌 等，2006；刘敏超 等，2006)。

涵养水源的价值根据水库工程的蓄水成本(影子工程法)来确定，结合李金昌等(1999)研究方法和和结论来评价生态系统对涵养水源的间接经济价值。$P_w(x)$ 为库容成本(我国为 0.67 元)，$f(x)$ 为植被覆盖度，$P(x)$ 为降水量，k 为产流降水量占总降水量的比例(秦岭－淮河以南取 0.6)(赵同谦 等，2004)，因此水源涵养功能单位面积价值为：

$$1.281174 \times P \times f(x) \tag{4-8}$$

研究区涵养水源功能的服务价值计算情况如表 4-9 所示：不同植被在各年内涵养水源功能单位面积价值变化较大，高低不一，这和各年降水的区域内部变化相关。而 1998~2007 年单位面积平均值和最高值出现在水生植被，水生植被为 853.024 元/hm²，但是水生植被所占研究区面积仅为 0.091%，所以水生植被对三峡库区涵养水源功能的服务价值总量贡献较小，如图 4-10 所示。1998~

2007年涵养水源价值的区域分布与有机物质生产价值、营养物质循环价值的区域分布有明显的差异，涵养水源价值的高值区域主要分布在开县、万州区，低值区域主要分布在江津区，巫溪、巫山、武隆县都出现中低值，这和估算中降水量因子的影响是密切联系的，如表4-10所示。降水量的区域分布与涵养水源价值的大小呈正相关关系，且相关系数极高，达0.9238。

表4-9　三峡库区(重庆段)涵养水源功能价值情况

植被类型	面积/km²	营养物质循环功能的服务价值	1998年	1999年	2000年	2001年	2002年
水域	728	平均值(元/公顷)	885.34	761.38	735.28	540.90	770.77
		总量(万元)	6445.28	5542.81	5352.82	3937.75	5611.22
针叶林	9897	平均值(元/公顷)	867.31	705.15	834.28	564.12	788.71
		总量(万元)	85838.07	69788.89	82568.89	55830.76	78058.63
阔叶林	4923	平均值(元/公顷)	875.87	709.57	797.82	555.35	787.14
		总量(万元)	43118.93	34932.33	39276.88	27339.93	38750.75
灌丛和灌草丛	1448	平均值(元/公顷)	870.34	659.60	831.27	573.62	784.38
		总量(万元)	12602.49	9550.99	12036.78	8306.05	11357.88
草甸	1622	平均值(元/公顷)	831.76	629.30	920.34	585.03	767.15
		总量(万元)	13491.16	10207.16	14927.96	9489.22	12443.19
水生植被	42	平均值(元/公顷)	881.14	657.43	957.36	570.53	749.18
		总量(万元)	370.08	276.12	402.09	239.62	314.65
耕地	26911	平均值(元/公顷)	895.49	736.78	792.53	561.08	788.80
		总量(万元)	240984.78	198274.87	213276.67	150992.24	212274.51
经济林木	590	平均值(元/公顷)	875.79	720.35	785.06	576.95	788.21
		总量(万元)	5167.15	4250.05	4631.84	3403.99	4650.43

植被类型	面积/km²	营养物质循环功能的服务价值	2003年	2004年	2005年	2006年	2007年
水域	728	平均值(元/公顷)	762.88	979.47	726.01	582.55	742.15
		总量(万元)	5553.74	7130.54	5285.35	4240.93	5402.82
针叶林	9897	平均值(元/公顷)	902.75	1028.82	795.38	639.73	816.52
		总量(万元)	89345.56	101822.32	78719.15	63314.28	80810.49
阔叶林	4923	平均值(元/公顷)	881.07	977.01	770.47	635.40	861.36
		总量(万元)	43374.93	48098.01	37930.14	31280.64	42404.51
灌丛和灌草丛	1448	平均值(元/公顷)	921.46	990.61	752.13	607.21	851.41
		总量(万元)	13342.80	14344.08	10890.80	8792.34	12328.34
草甸	1622	平均值(元/公顷)	1005.70	1099.59	856.35	652.49	846.79
		总量(万元)	16312.45	17835.35	13889.93	10583.45	13734.97
水生植被	42	平均值(元/公顷)	1031.05	1366.70	828.03	633.99	855.23
		总量(万元)	433.04	574.01	347.77	266.28	359.20

(续表)

植被类型	面积/km²	营养物质循环功能的服务价值	2003 年	2004 年	2005 年	2006 年	2007 年
耕地	26911	平均值(元/公顷)	859.40	1043.21	777.17	623.10	801.25
		总量(万元)	231273.94	280738.24	209142.87	167681.90	215624.93
经济林木	590	平均值(元/公顷)	878.21	1048.92	763.74	602.26	790.93
		总量(万元)	5181.46	6188.63	4506.05	3553.32	4666.51

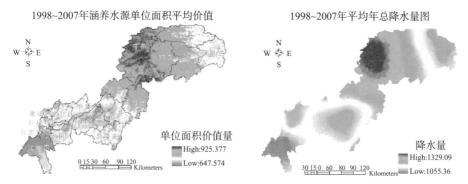

图 4-10　1998～2007 年三峡库区(重庆段)年总降水量与涵养水源单位面积价值量对比图

表 4-10　涵养水源价值与降水量相关矩阵表

图层	涵养水源平均价值图	多年平均总降水量
涵养水源年平均价值	1.00000	0.92380
年平均总降水量	0.92380	1.00000

4.4.4　气体调节功能价值

植物不仅为人类提供物质产品,同时也在和大气进行气体元素交换,调节着大气的成分。生态系统的气体调节功能主要是指大气调节和气候调节这两个方面。气体调节功能主要指调节 CO_2 和 O_2 的平衡,植被通过光合作用与大气交换 CO_2 和 O_2,从而起到维持大气中 CO_2 和 O_2 的动态平衡、降低大气温室效应的作用。此外,大气中还含有少量 CH_4 和 N_2O 等导致温室效应的温室气体。但是 CH_4 的单分子增温的潜势约是 CO_2 的 20 倍,是地球上已知的仅次子 CO_2 的重要温室气体,同时 N_2O 也是不容忽视的温室气体,也是影响气候变化的重要因素。由于研究手段及其基础研究数据的不足,本研究将不考虑 CH_4 和 N_2O 的影响。随着"全球变暖"与"城市热岛效应"等问题所引起的全球热议,植物所能固定 CO_2 的功能也就越来越受到人们的重视。此外,由于 O_2 是人类得以生存发展必不可少的物质,所以地球绿色植物通过光合作用释放氧气的功能就显得特别重要了。

生态系统通过植被光合作用和呼吸作用与大气进行着 CO_2 和 O_2 的交互循环，吸收大气中的 CO_2，并释放 O_2，对维持大气中的 CO_2 和 O_2 的动态平衡起到了不可或缺的作用。根据光合作用与呼吸作用的方程式可以推算出：每形成 1g 干物质，可固定 1.62g CO_2，并释放 1.20g O_2（王爱玲 等，2007），而干物质量可以根据植物干物质中的碳元素含量大约占 45%（陈润政 等，1998）由 $NPP(t \cdot hm^{-2} \cdot a^{-1})$ 来进行计算。CO_2 的单位质量价值是借用瑞典的碳税率 0.15 美元/kg(C)，来换算成吸收 CO_2 为 $4.094×10^{-5}$ 美元/g（按 7 元人民币/美元汇率计算）。O_2 单位质量价值是按工业制氧价值（$4×10^{-4}$ 元/g）。因此，单位面积 CO_2 服务功能价值：$20.89168×10^{-5}×NPP(x)$（元/m²）即 $2.089168×NPP(x)$（元/hm²）；单位面积 O_2 服务功能价值：$2.16×10^{-4}×NPP(x)$（元/m²）即 $2.16×NPP(x)$（元/hm²）；因此气体调节功能价值（单位：元/hm²）为（张明阳 等，2009）：

$$4.249168×NPP(x) \tag{4-9}$$

三峡库区（重庆段）气体调节功能价值如表 4-11 所示：1998~2007 年气体调节功能各年内最高值出现在阔叶林植被覆盖区域，其次为灌草丛和草甸植、草甸植被、针叶林植被，最低值出现在水域覆盖区域，单位面积平均值阔叶林达 1771.32 元/hm²，水域单位面积平均值为 1035.99 元/hm²；单位面积服务价值的年际变化与 NPP 的年际变化呈现正相关关系，服务价值总量最高在 2005 年出现，总量为 84.14 亿元，总量最低在 2006 年出现，总量 47.7 亿元。气体调节的区域分布如图 4-11 所示，高值区域主要分布在巫溪县、巫山县、奉节县、石柱县、开县及武隆县所在的山地地区，低值区域只要分布在忠县、涪陵区及主城区所在的九龙坡区和沙坪坝区等地区，由此可以看出这和估算过程中的 NPP 值是呈正相关的，值域分布趋势基本一致。

表 4-11 三峡库区（重庆段）气体调节功能服务价值情况

植被类型	面积/km²	气候调节服务功能价值	1998 年	1999 年	2000 年	2001 年	2002 年
水域	728	平均值/(元/hm²)	1333.45	1118.00	1183.56	826.44	843.98
		总量/万元	9707.52	8139.04	8616.32	6016.49	6144.19
针叶林	9897	平均值/(元/hm²)	1666.13	1425.81	1597.85	1254.54	1290.72
		总量/万元	164896.89	141112.42	158139.21	124161.82	127742.56
阔叶林	4923	平均值/(元/hm²)	1928.73	1645.48	1838.64	1671.08	1739.57
		总量/万元	94951.38	81006.98	90516.25	82267.27	85639.03
灌丛和灌草丛	1448	平均值/(元/hm²)	1854.56	1534.07	1778.31	1347.70	1409.75
		总量/万元	26854.03	22213.33	25749.93	19514.70	20413.18
草甸	1622	平均值/(元/hm²)	1750.95	1542.99	1803.23	1178.43	1161.58
		总量/万元	28400.41	25027.30	29248.39	19114.13	18840.83

（续表）

植被类型	面积/km²	气候调节服务功能价值	1998 年	1999 年	2000 年	2001 年	2002 年
水生植被	42	平均值/(元/hm²)	1476.55	1252.10	1363.91	893.16	903.02
		总量/万元	620.15	525.88	572.84	375.13	379.27
耕地	26911	平均值/(元/hm²)	1546.66	1299.18	1402.30	1056.93	1081.26
		总量/万元	416221.67	349622.33	377372.95	284430.43	290977.88
经济林木	590	平均值/(元/hm²)	1578.14	1300.15	1405.88	1058.70	1067.35
		总量/万元	9311.03	7670.89	8294.69	6246.33	6297.37

植被类型	面积/km²	气候调节服务功能价值	2003 年	2004 年	2005 年	2006 年	2007 年
水域	728	平均值/(元/hm²)	995.25	919.29	1247.72	795.56	1063.07
		总量/万元	7245.42	6692.43	9083.40	5791.69	7739.15
针叶林	9897	平均值/(元/hm²)	1636.64	1133.32	1972.66	1096.95	1379.12
		总量/万元	161978.26	112164.68	195234.16	108565.14	136491.51
阔叶林	4923	平均值/(元/hm²)	2164.29	1255.74	2523.40	1270.28	1678.04
		总量/万元	106548.00	61820.08	124226.98	62535.88	82609.91
灌丛和灌草丛	1448	平均值/(元/hm²)	1800.39	1308.20	2014.24	1218.13	1468.65
		总量/万元	26069.65	18942.74	29166.20	17638.52	21266.05
草甸	1622	平均值/(元/hm²)	1575.97	1233.06	1884.78	1226.67	1411.98
		总量/万元	25562.23	20000.23	30571.13	19896.59	22902.32
水生植被	42	平均值/(元/hm²)	1228.43	940.26	1372.29	906.69	1014.11
		总量/万元	515.94	394.91	576.36	380.81	425.93
耕地	26911	平均值/(元/hm²)	1354.07	1062.41	1646.35	953.23	1220.15
		总量/万元	364393.78	285905.16	443049.25	256523.46	328354.57
经济林木	590	平均值/(元/hm²)	1355.94	1161.44	1609.94	956.30	1243.25
		总量/万元	8000.05	6852.50	9498.65	5642.16	7335.18

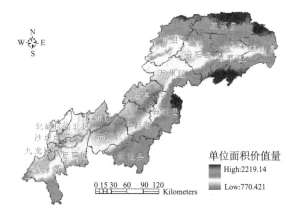

图 4-11　1998～2007 年三峡库区(重庆段)年均气体调节价值量(单位：元/hm²)

4.4.5　水土保持功能价值

水土保持是预防水土流失，保护、改良及合理利用现有的(山区、丘陵区和风沙区的)水土资源条件，维持和增强土地潜在的生产力，从而使其利于充分发挥水土资源所带来的经济效益与社会效益，建立优良生态环境的综合性科学技术(于德永 等，2006)。三峡库区是中国 17 个具有全球保护意义的生物多样性关键地区之一(李月臣 等，2008)，而在此研究区水土保持已经成为这一地区生态安全的关键因子。因此，三峡库区水土保持问题受到众多学者的关注与重视，从而让三峡库区水土保持功能价值的估算的意义更为重要。水土保持功能价值主要包括以下几个方面：一是减少表土损失功能的价值，二是减少养分损失功能的价值，三是减少淤积损失功能的价值。在估算过程中，首先需要利用无林地的土壤侵蚀量来估量森林、草地等生态系统每年所减少的土壤侵蚀量，再评价各个生态系统对表土损失、肥力损失及减轻泥沙淤积灾害三方面的价值。水土保持问题是可持续发展目标实现的重大障碍。经过近百年来水土流失模型的研究，国内外对水土保持机理研究已经逐渐取得了很多的成果，适应于不同环境、不同地形、不同规模尺度的模型相继都建立起来。但是目前，经验模型在较长一段时间内仍然将会作为进行土壤侵蚀预报的主要技术工具。其中土壤侵蚀经验统计模型以通用土壤流失方程(USLE)为典型代表，利用最为广泛。本研究将利用 USLE 来获取土壤侵蚀量。土壤侵蚀量的计算包括现实土壤侵蚀量和潜在土壤侵蚀量两个主要因子，其中潜在土壤侵蚀量将不考虑地表覆盖类型(C)和土地管理因素(P)，即 $C=1$，$P=1$，此时 USLE 形式如下所述。

$$A_p = R \times K \times LS \tag{4-10}$$

式中，A_p 为潜在的土壤侵蚀量($t \cdot ha^{-1} \cdot a^{-1}$)；$R$ 为降水侵蚀力指标，K 为土壤可侵蚀因子，LS 为坡长坡度因子。三峡库区为生态脆弱区，降水因子除了对植被的水分补给与涵养水源的作用外，还会发生水土流失，破坏生态系统，而地形因子与土壤的性质是水土流失产生的自然因素。

现实土壤侵蚀量考虑了地表所覆盖的植被类型和土地管理因素，其计算公式为：

$$A_r = R \times K \times LS \times C \times P \tag{4-11}$$

式中，A_r 为现实土壤侵蚀量($t \cdot ha^{-1} \cdot a^{-1}$)；$C$ 为地表覆盖因子；P 为土壤保持因子；其他同上。

三峡库区的植被覆盖率为 0.298～0.787，地表覆盖因子与植被覆盖度呈负相关，植被覆盖度大，则地表覆盖因子值会低，当植被覆盖度能达到 78.3% 以上时，地表覆盖度因子值则为 0。这种情况说明：因为植被茂密枝叶的阻挡将完全抵消雨滴的势能,从而将不会产生土壤侵蚀;相反,当地表处于全裸的无保护状态,土壤侵蚀将会完全由侵蚀性降雨所产生的势能大小决定,这个时候,则表明地表覆盖完全没有对土壤起到保护的作用,因而地表覆盖因子取值为 1 (于德永 等,2006)。

通过计算潜在土壤侵蚀量与现实土壤侵蚀量,从而得到土壤保持量公式为:

$$A_c = A_p - A_r \tag{4-12}$$

式中,A_c 为土壤保持量。

植被的保土育肥功能对维持生态平衡与生态健康,保证国民经济持续快速稳定健康的发展有着重要意义。因此,人们对生态系统植被的保土功能价值的估算,长期以来都给予着高度的重视。通常都是以植被的表土损失功能、减少养分损失功能和减少淤积损失功能这三个功能价值来估算,本研究用市场价值法、机会成本法和影子工程发来评价水土保持的经济效益。

1. 保护土壤肥力

土壤肥力的保持对于生态系统各种植被的生存、生长及发育具有重要作用,而土壤侵蚀使土壤营养物质大量的流失,主要体现在氮、磷、钾等营养物质元素和有机物质的流失。然后采用市场价值法,市场价值法是利用由于环境质量变化所引起的产值及利润的变化来估量环境质量变化所产生的经济效益或经济损失。具体是利用氮、磷、钾的市场经济价格来计算其价值,公式为:

$$E_f = \sum_i A_c \cdot C_i \cdot P_i / 10000 \tag{4-13}$$

式中,E_f 为保护土壤肥力功能的经济效益 [元/(m² · a)];A_c 为土壤保持量 (t · ha⁻¹ · a⁻¹);C_i 为土壤中氮、磷、钾的纯含量;P_i 为氮、磷、钾的价格。

2. 减少土地废弃

由于土壤肥力的下降、土地石漠化等生态因素的产生,使得弃耕地、难利用土地面积增加,因此减少土地废弃是三峡库区生态环境保护的一个必要措施。减少土地废弃功能的估算主要是依靠土壤保持量与土壤表土的平均厚度(0.6m)来进行推算由于土壤侵蚀而造成的土地废弃的面积 (Costanza R et al.,1997),再依据机会成本法来估算因土地废弃而失去的那部分经济价值。其中的机会成本法是指在决定环境资源的某一种特定用途时,而不直接计算从该用途可能获取的各种收益或损失,而是从被放弃的土地在其他用途中的损益间接求得。

$$E_s = A_c \times B \div P \div 0.6 \div 10000 \tag{4-14}$$

式中,E_s 为减少土地废弃功能的经济效益 [元/(m² · a)];A_c 为土壤保持量 (t · ha⁻¹ · a⁻¹);P 为土壤容重(t · m⁻³);B 为林业年均收益(元/ha)。

3. 减少泥沙淤积

三峡库区是影响长江流域及整个中国自然环境的重要地区,库区泥沙淤积可能引起洪涝灾害等问题是目前水库管理中的一个重要因素，也是目前影响生态环境发展的一个重要因子。按照中国主要各个河流流域的泥沙运动规律，其中全国土壤侵蚀过程中流失的泥沙有 24％ 都是淤积在各大水库、江河或湖泊中，这部分泥沙会直接的造成水库江河、湖泊蓄水量的减少，在一定程度上这也将增加干旱灾害、洪涝灾害发生的概率，因此减少泥沙淤积的价值量可根据蓄水成本计算损失价值(谢高地 等，2001)。这种方法指的是在人类造成环境被破坏后，人为建造一个工程来替换原有的环境的功能，以该工程建设中所投资的各种成本作为环境污染的损失。

$$E_n = A_c \times 24\% \times C \div P \div 10000 \qquad (4\text{-}15)$$

式中，E_n 为减少泥沙淤积功能的经济效益 $[元/(m^2 \cdot a)]$；A_c 为土壤保持量 $(t \cdot ha^{-1} \cdot a^{-1})$；$P$ 为土壤容重 $(t \cdot m^{-3})$；C 为水库工程费用 $(元/m^3)$。

按照上述方法，计算得到水土保持功能服务价值情况如表 4-12 所示：1998～2007 年水土保持服务功能单位面积价值由高到低依次出现在水域、水生植被、耕地及栽经济林木、针叶林、草甸其次、阔叶林与灌丛和灌草丛植被，这主要是由于人类对林草的开垦利用，以至于其水土保持的价值量较低，而人类利用弃耕地栽培经济林木、种植农田作物所获得的价值使得经济林木及农田的服务功能价值量较高；其中单位面积水土保持功能平均价值水域为 1350.46 元/hm²，水生植被为 1032.21 元/hm²，耕地为 1001.37 元/hm²，经济林木为 981.995 元/hm²，针叶林为 829.021 元/hm²，草甸为 828.918 元/hm²，阔叶林为 754.034 元/hm²，灌丛和灌草丛为 734.488 元/hm²。三峡库区(重庆段)段水田面积比例较大，研究区覆盖面积最大的耕地功能价值总量也相应最高。而从年际变化来看，在 2004 年水土保持价值总量最高，达到 52.93 亿元，而在 2001 年与 2006 年出现谷值，2001 年水土保持价值总量为 31.486 亿元，2006 年价值总量为 31.816 亿元。从区域分布如图 4-12 所示，在巫溪县、巫山县、奉节县、武隆县等山区是大范围低值区域，但是零星分布着极高值区域，而在忠县、涪陵区及主城的大部分区域为中高值区域。同时水土保持功能服务价值的估算没有 NPP 值的参与，且与降水的变化相关性较小，所以对整个生态系统服务功能的趋势有一定的影响。

表 4-12 水土保持功能价值情况

植被类型	面积/km²	水土保持功能的价值	1998 年	1999 年	2000 年	2001 年	2002 年
水域	728	平均值/(元/公顷)	1705.43	1439.87	1198.05	1008.71	1512.89
		总量/万元	12415.53	10482.25	8721.80	7343.41	11013.84
针叶林	9897	平均值/(元/公顷)	978.30	786.23	829.09	605.34	878.49
		总量/万元	96822.55	77812.79	82055.04	59910.90	86943.66

(续表)

植被类型	面积/km²	水土保持功能的价值	1998 年	1999 年	2000 年	2001 年	2002 年
阔叶林	4923	平均值/(元/公顷)	916.96	712.49	726.44	565.03	803.17
		总量/万元	45142.14	35076.03	35762.49	27816.28	39540.16
灌丛和灌草丛	1448	平均值/(元/公顷)	865.46	643.45	765.24	553.85	765.24
		总量/万元	12531.92	9317.14	11080.69	8019.68	11080.60
草甸	1622	平均值/(元/公顷)	887.50	678.53	906.57	612.50	813.42
		总量/万元	14395.31	11005.68	14704.61	9934.80	13193.64
水生植被	42	平均值/(元/公顷)	1085.92	794.93	1056.66	721.07	960.77
		总量/万元	456.09	333.87	443.80	302.85	403.52
耕地	26911	平均值/(元/公顷)	1220.59	998.35	963.38	732.27	1082.88
		总量/万元	328472.97	268666.78	259254.38	197060.91	291413.84
经济林木	590	平均值/(元/公顷)	1210.64	990.07	881.70	757.82	1098.40
		总量/万元	7142.78	5841.40	5202.02	4471.13	6480.56
植被类型	面积/km²	水土保持功能的价值	2003 年	2004 年	2005 年	2006 年	2007 年
水域	728	平均值/(元/公顷)	1454.42	1684.55	1291.65	1009.91	1236.30
		总量/万元	10588.18	12263.52	9403.21	7352.14	9000.26
针叶林	9897	平均值/(元/公顷)	955.18	1012.87	785.62	620.74	836.39
		总量/万元	94533.87	100243.74	77752.32	61434.74	82777.12
阔叶林	4923	平均值/(元/公顷)	880.19	908.61	694.68	570.36	782.88
		总量/万元	43331.56	44730.87	34199.10	28078.63	38541.38
灌丛和灌草丛	1448	平均值/(元/公顷)	884.27	883.91	653.41	528.03	772.56
		总量/万元	12804.27	12799.07	9461.41	7645.83	11186.63
草甸	1622	平均值/(元/公顷)	1053.86	1073.37	806.17	606.77	843.90
		总量/万元	17093.61	17410.06	13076.00	9841.84	13687.99
水生植被	42	平均值/(元/公顷)	1320.11	1562.46	925.74	714.57	1075.27
		总量/万元	554.45	656.23	388.81	300.12	451.61
耕地	26911	平均值/(元/公顷)	1097.35	1241.27	950.22	740.40	1010.05
		总量/万元	295307.86	334038.17	255714.51	199247.97	271814.56
经济林木	590	平均值/(元/公顷)	1109.75	1216.96	924.05	721.27	954.07
		总量/万元	6547.53	7180.06	5451.90	4255.52	5629.01

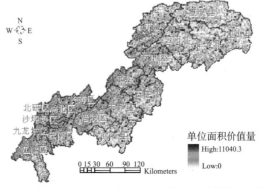

图 4-12　1998~2007 年三峡库区(重庆段)年均水土保持价值量(单位：元/hm²)

4.5　三峡库区(重庆段)生态系统服务功能及其价值的地理时空分异特征

4.5.1　三峡库区(重庆段)生态系统服务功能价值研究结果

1. 生态系统服务功能价值的总体情况

三峡库区(重庆段)生态系统服务功能价值由 1998 年的 271.77×10^8 元降低到 2007 年的 225.71×10^8 元,但是从总体看,1998~2007 年生态系统服务功能价值是一个减-增-减的波动变化过程。生态系统服务功能价值在区域分布上与 NPP 分布、植被覆盖度的趋势相似,在植被覆盖度高值区域、NPP 高值区域同时也是生态系统所创造的服务功能价值高值区域。

从空间分布上来看(如图 4-13、表 4-13 所示):生态系统服务功能价值贡献各年的分布趋势类似,高低值范围有小幅度的增减。从 1998~2007 年生态服务功能的价值来看,生态服务功能的价值为(2.60598~15.951)×10^5 元/km^2,空间分布来看,主要是从大巴山山地地区、渝东南山地地区向西递减;在行政单位上,高值主要出现在巫溪县、武隆县、巫山县、石柱县等区县,这些区县多年内生态系统单位价值量排名稳居前列;低值主要出现在忠县、涪陵区、丰都县所辖区域内,在主城区区域及忠县、涪陵等区县生态服务功能价值较低,但是由于人为植树造林及公园绿化、水体保护及人类环保意识的提高、"森林重庆"政策趋势的导向,使得主城区属于中低值区域范围,并且在主城区所涵盖的渝中区等有部分年份单位服务功能价值量排名居前列。

从各年内的空间分布来看:1998 年生产服务功能价值为(3.13~12.67)×10^5 元/km^2,高值区域主要分布在巫山、奉节等地区,在江津区、武隆区等地区出现中高值,低值只要在忠县;1999 年生产服务功能价值为(2.59~14.0)×10^5 元/km^2,高、低值区域范围都有所缩减;2000 年生产服务功能价值为(2.65~19.6)×10^5 元/km^2,高、低值区域都有所增加,对比明显,在巫溪、开县、巫山、奉节县分布着大片的高值区域,在武隆县、石柱县出现零星的高值区域,大部分以中高值为主,在忠县、涪陵区、江津区及主城区等地区为大片中低值区域;2001 年生产服务功能价值为(1.87~12.68)×10^5 元/km^2,大巴山山区高值区域范围稍有减小,在渝东南的武隆县、石柱县有所增加,长江流域两岸低值区域分布显著;2002 年生产服务功能价值为(2.04~15.7)×10^5 元/km^2,高低值区域趋势不变,大巴山山区高值区域减小。2003 年生产服务功能价值为(1.98~21.12)×10^5 元/km^2,山地地区高值区域范围增加,长江流域及主城区辖区内低值显著,高低值对比明显;

2004 年生产服务功能价值为 $(2.27 \sim 18.88) \times 10^5$ 元/km²，中高值分布较广，高值区域主要在奉节县、巫溪县辖区；2005 年生产服务功能价值为 $(3.01 \sim 17.37) \times 10^5$ 元/km²，巫溪、巫山、开县等大巴山山地地区仍然是高值区域，但是在奉节县、武隆县、石柱县也出现了显著的高值区域，而在长江沿岸出现了整齐的低值区域；2006 年生产服务功能价值为 $(1.89 \sim 12.03) \times 10^5$ 元/km²，中高值区域显著，高值主要在巫溪县辖区，中低值及低值区域所占比例较高与往年；2007 年生产服务功能价值为 $(2.06 \sim 15.68) \times 10^5$ 元/km²，与 2005 年的高值区域类似，只是在江津区、主城区等地区出现了中高值区域。总的来说，各年内高低值空间分布趋势相似。

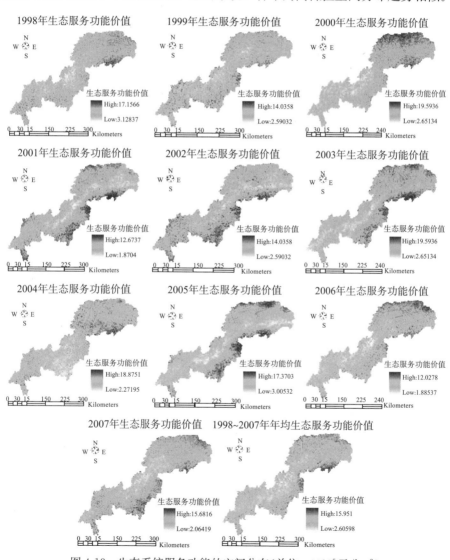

图 4-13　生态系统服务功能的空间分布(单位：$\times 10^5$ 元/km²)

表4-13　1998~2007年三峡库区(重庆段)分区单位面积平均值(单位:×10⁵元/km²)

年份		巫溪县	开县	巫山县	云阳县	奉节县	万州区	忠县	石柱县	丰都县	长寿区	渝北区	北碚区	涪陵区	巴南区	沙坪坝区	江北区	武隆县	南岸区	渝中区	九龙坡区	大渡口区	江津区
1998年	平均值	6.45	5.81	6.31	5.74	6.45	5.57	5.09	5.76	5.41	5.24	5.50	5.49	5.77	6.08	5.64	5.81	6.11	5.84	6.38	5.91	5.76	6.18
	排名	1	9	3	12	1	14	19	11	17	18	15	16	10	6	13	9	5	8	2	7	11	4
1999年	平均值	5.24	5.04	4.78	4.57	5.03	4.84	4.46	5.08	4.69	4.68	4.90	5.10	4.76	5.07	4.93	4.95	5.20	4.98	5.37	5.10	4.85	4.97
	排名	2	7	15	19	8	14	20	5	17	18	12	4	16	6	11	11	3	9	1	4	13	10
2000年	平均值	6.77	6.29	5.79	5.62	6.02	5.53	4.35	5.41	4.57	4.28	4.34	4.26	4.29	4.75	4.14	4.54	5.17	4.48	4.80	4.27	4.49	4.61
	排名	1	2	4	5	3	6	16	7	12	19	17	21	18	10	22	13	8	15	9	20	14	11
2001年	平均值	4.18	4.38	3.72	3.71	4.15	3.87	3.33	4.48	3.87	3.94	4.09	4.50	3.55	4.02	4.21	3.61	4.85	3.53	3.58	3.78	3.61	4.25
	排名	7	4	13	14	7	11	19	3	11	10	8	2	17	9	6	15	1	18	16	12	15	5
2002年	平均值	4.52	4.55	4.32	4.22	4.70	4.35	4.09	5.25	4.53	4.47	4.92	5.21	4.39	4.92	5.19	4.66	5.80	4.62	4.84	4.82	4.65	4.90
	排名	15	13	19	20	9	18	21	2	14	16	5	3	17	5	4	10	1	12	7	8	11	6
2003年	平均值	6.42	6.14	5.82	5.73	6.23	5.58	4.75	6.22	5.28	4.82	4.94	5.23	4.36	4.61	4.67	4.29	6.24	4.11	4.19	4.09	4.11	4.57
	排名	1	5	6	7	3	8	13	4	9	12	11	10	17	15	14	18	2	20	19	21	20	16
2004年	平均值	5.28	5.22	5.14	5.36	5.44	5.43	4.31	4.75	3.90	4.28	4.84	4.84	3.87	4.88	4.81	5.00	3.60	5.07	5.38	4.77	4.68	4.86
	排名	5	6	7	4	1	2	18	16	20	19	13	13	11	10	14	9	21	8	3	15	17	12
2005年	平均值	6.87	6.62	5.46	5.69	6.05	6.03	5.57	6.99	5.65	5.35	5.82	6.21	5.14	5.52	6.14	5.04	7.01	4.94	5.27	5.32	5.05	5.77
	排名	3	4	12	8	7	8	14	1	13	17	10	5	20	15	6	22	1	9	19	18	21	11
2006年	平均值	4.56	4.20	4.06	3.74	4.07	3.60	3.09	4.02	3.58	3.10	3.42	3.44	3.37	3.56	3.24	3.49	3.94	3.53	3.80	3.21	3.37	3.43
	排名	1	2	4	8	3	10	21	5	10	20	16	14	17	11	18	13	6	12	7	19	17	15
2007年	平均值	5.53	4.80	4.93	4.57	5.13	4.28	3.95	5.13	4.59	4.55	4.94	4.96	4.66	5.07	5.23	5.07	5.72	4.98	5.75	4.76	4.92	4.97
	排名	4	15	13	3	6	20	21	6	18	19	12	10	17	7	5	7	2	8	1	16	14	9

在年际变化中(如图 4-14 所示):1998～2007 年生态服务功能年价值总量由高到低依次为 2005 年(278.51 亿元)、1998 年(271.77 亿元)、2003 年(255.64 亿元)、2000 年(245.60 亿元)、1999 年(226.75 亿元)、2007 年(225.71 亿元)、2004 年(222.88 亿元)、2002 年(215.18 亿元)、2001 年(186.87 亿元)、2006 年(174.58 亿元),而在 2000 年、2003 年、2005 年这三个峰值年限的下一年都会出现谷值,2005 年出现十年内最高值,这主要是因为 2005 年光、热、水分配率合理,致使 2005 年风调雨顺;而下一年 2006 年出现了十年内的最低值,主要是由于 2006 年的高温伏旱,致使光、热、水的分配率不合理,植被对各项的利用率较低;这与 NPP 的高低值年际变化规律一致。

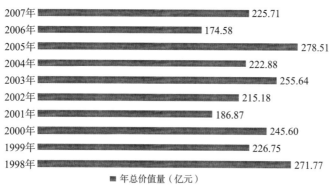

图 4-14 生态系统服务功能总价值量统计

2. 三峡库区(重庆段)生态系统服务功能价值组成成分

本研究评估了 5 项生态系统服务功能,具体为:有机物质生产(自然资源价值)、气体调节、涵养水源、水土保持和营养物质循环(朱文泉 等,2011;姜永华 等,2009;Gao Q Z et al.,2009),1998～2007 年平均服务功能价值(如图 4-15)主要体现在有机物质生产的服务功能价值约 64.78 亿元,占整个生态系统服务功能价值的 28%;气体调节服务功能价值约 63.22 亿元,占整个生态系统服务功能价值的 27%,这两方面的贡献占主要地位。其次为水土保持,服务功能价值约为 42.95 亿元约占生态系统服务功能价值的 19%;涵养水源约为 36.44 亿元,约占 16%;最低为营养物质循环,服务功能价值约为 22.97 亿元,约占 10%。通过这 5 项生态系统服务功能的估算方法,不难发现植被净初级生产力(NPP)对生态系统服务功能的影响力,通过 NPP 估算得出的有机物质生产、气体调节、营养物质循环三者的服务功能价值总量占整个生态系统价值总量的 65%,而同时价值总量最高的两项气体调节和有机物质的生产都与 CO_2 有着密切关系,而碳循环对生态系统服务价值的影响程度就有待进一步去研究探讨。

从不同植被覆盖类型服务价值来看(如表 4-14 所示),阔叶林植被单位面积服务价值最大,这是因为阔叶林植被叶面积指数高,从而对降水吸收利用以及光合作用等所创造的价值量增加,而灌丛和灌草丛和针叶林相比由于分布集中度、叶面积指数、固土育肥、光合作用等功能所创造的价值高低差异,使得灌丛和灌草丛单位面积价值略高于针叶林;从生态系统服务功能价值生产总量来看,总价值量最大的为耕地,其总值最大的原因主要在于它分布面积相对较大,占研究区面积的58%,而单位面积价值量最高的阔叶林植被其面积占研究区面积的10.6%,所以阔叶林植被的功能价值总量居第三;功能价值总量最低的为水生植被,虽然水生植被单位面积服务功能价值与水域的都较低,但是水生植被仅占研究区面积的0.091%,而水域占研究区面积的1.5%,致使水生植被功能价值总量的贡献最低。

表 4-14　三峡库区(重庆段)生态系统服务功能价值量

植被类型	面积/km²	生态系统价值量	1998年	1999年	2000年	2001年	2002年	2003年	2004年	2005年	2006年	2007年
水域	728	平均值(10^5元)	5.78	4.87	4.77	3.54	4.31	4.61	4.87	5.10	3.50	4.53
		总量(亿元)	4.21	3.55	3.47	2.57	3.14	3.35	3.55	3.71	2.55	3.30
针叶林	9897	平均值(10^5元)	5.82	4.89	5.47	4.16	4.75	5.76	4.74	6.29	3.87	4.94
		总量(亿元)	57.60	48.41	54.13	41.19	46.97	56.99	46.93	62.27	38.34	48.89
阔叶林	4923	平均值(10^5元)	6.38	5.33	5.90	5.09	5.73	6.91	4.87	7.35	4.23	5.63
		总量(亿元)	31.39	26.25	29.04	25.07	28.18	34.01	23.96	36.17	20.80	27.71
灌丛和灌草丛	1448	平均值(10^5元)	6.14	4.95	5.82	4.34	4.90	6.09	4.98	6.21	4.03	5.11
		总量(亿元)	8.89	7.17	8.43	6.28	7.10	8.82	7.21	8.99	5.83	7.40
草甸	1622	平均值(10^5元)	5.89	4.99	6.12	4.01	4.35	5.82	5.11	6.27	4.18	5.06
		总量(亿元)	9.56	8.09	9.93	6.50	7.06	9.44	8.29	10.17	6.79	8.20
水生植被	42	平均值(10^5元)	5.51	4.46	5.27	3.43	3.87	5.29	5.18	5.12	3.51	4.35
		总量(亿元)	0.23	0.19	0.22	0.14	0.16	0.22	0.22	0.22	0.15	0.18
耕地	26911	平均值(10^5元)	5.81	4.84	5.11	3.82	4.46	5.19	4.82	5.71	3.64	4.73
		总量(亿元)	156.44	130.26	137.41	102.84	119.95	139.74	129.77	153.69	98.00	127.24
经济林木	590	平均值(10^5元)	5.85	4.81	5.02	3.86	4.43	5.21	5.02	5.58	3.60	4.71
		总量(亿元)	3.45	2.84	2.96	2.28	2.61	3.08	2.96	3.29	2.12	2.78
合计	46161	价值量(亿元)	271.77	226.75	245.60	186.87	215.18	255.64	222.88	278.51	174.58	225.71

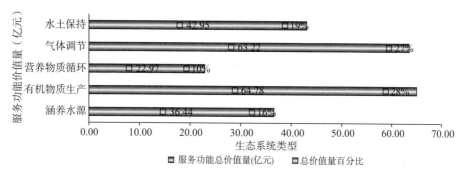

图4-15　研究区服务功能价值的构成

3.三峡库区(重庆段)生态服务功能价值变化趋势分析

三峡库区(重庆段)的生态服务功能整体呈降低趋势,年际存在减-增-减的变化趋势,与降水量的变化趋势及 NPP 的变化趋势基本一致,如图 4-16(a)所示,1998~2007 年三峡库区(重庆段)植被 NPP 与生态系统服务功能的相关系数为(-0.381816~0.996331),呈现负相关的区域只有零星点区域,在图上表现不明显;大部分地区都呈现正相关关系,且在生态系统服务功能价值的高值区域巫溪县、巫山县、奉节县、石柱县、武隆县等地区相关系数极高,这也表明前期 NPP 的准确估算对生态服务功能估算中具有重要影响,对省生态系统服务功能价值变化趋势产生一定的影响。降水对涵养水源的价值影响极大,同时也是生态系统服务功能价值估算中植被 NPP 值估算的重要因子,因而降水对生态系统服务功能价值的变化趋势有着很重要的影响,具体表现如图 4-16(b)所示,三峡库区(重庆段)的生态系统服务功能相关系数为(-0.240349~0.967415),其中的负相关区域面积极小,主要在武隆县辖区,这是因为武隆县降水量处于整个重庆的中低值范围,而因其处在渝东南山地地区,植被覆盖极好,估算得到的NPP、生态系统服务功能价值都处于高值区域,所以出现了部分负相关系数;而降水、NPP 值、生态系统服务功能价值都处在中低值区域的忠县、涪陵区、主城区所辖地区等出现了极强的相关度;在降水量中高值所涵盖的巫山县、巫溪县、奉节县、万州区等县区由于处在山地地区植被覆盖度好,所估算出的NPP 值、生态服务功能价值都处在高值区域,所以降水与生态系统价值在这一地区呈现较强的相关性。这就表明降水因子在直接影响 NPP 的变化趋势,对生态系统服务功能价值量也产生一定直接及间接的影响。

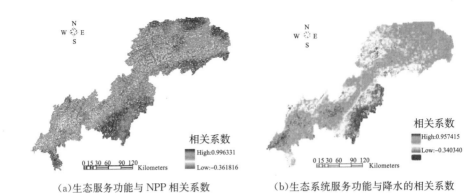

(a)生态服务功能与 NPP 相关系数　　　(b)生态系统服务功能与降水的相关系数

图 4-16　1998～2007 年 NPP、降水与生态系统服务功能相关系数图

三峡库区(重庆段)生态系统服务功能的空间分异如图 4-17 所示，1998～2000 年增加区域明显小于减少区域，增加区域主要在大巴山区及渝东南地区，在这段时间由于国家政策的影响以及人类环境意识的提高，使得一些植被破坏小的区域受到了保护，地区生态系统的服务功能价值持续增加；2000～2005 年，增加区域面积显著上升，这与人为因素国家退耕还林草工作密不可分，同时在这段时间内生态系统的价值量波动变化明显，在 2005 年为这十年内生态服务功能价值最高的一年，这与 2005 年气候因子等自然因素的关系重大；2005～2007 年随着人类生活生产的需要、重庆市人口上升，在各种人为因素的影响下主要呈现降低的趋势，在 2006 年达到十年内生产价值量最低值，但是在 2005～2007 年主城区在改善人居环境，人工绿化面积提升的影响下，服务功能价值有所上升。总体来看，增长的区域较集中在大巴山地区及巴南山区和主城区，由此可以看出环保意识的提供、人居环境的改善以及国家政策的影响等在这工业迅速发展、人口激增的环境下的重要性。

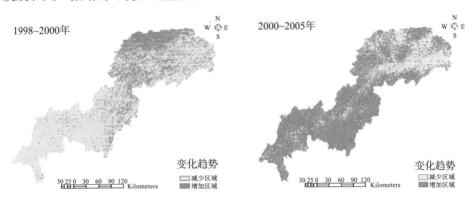

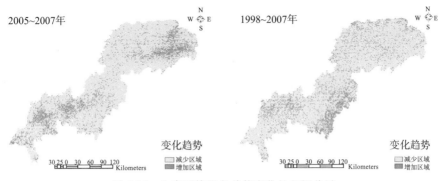

图 4-17　生态系统服务功能变化的空间分异

4.5.2　生态系统服务功能价值结果验证

由于现有研究只能利用模型来完成对生态系统服务功能价值的间接估算，而无法做实测估量，同时三峡库区属于生态系统服务功能价值研究的空白区域，所以在此利用涵盖的全国尺度范围及本研究区域相近区域的研究结果对本研究结果进行验证。潘耀忠等(2004)对中国陆地生态系统生态资产进行遥感测量，得出四川平均单位面积资产价值 644000 元/km²，而本研究计算得出三峡库区(重庆段)单位面积生态系统服务功能价值为 498900 元/km²，可以发现本研究结果与其研究结果相似，但是由于研究区域尺度及时序差异，所以存在一定的差异。欧阳志云等(1999)对中国陆地生态系统服务功能价值的估算结果可以看出中国陆地生态系统各项服务功能的价值量，对总服务功能价值的贡献大小顺序依次为：有机物质生产>气体调节>营养物质的循环>水土保持>涵养水源；张明阳等(2009)对桂西北喀斯特地区生态系统服务功能价值估算，各项服务功能的价值量，对总服务功能价值的贡献大小顺序依次为：营养物质循环>有机物质生产>土壤形成>气体调节>生物多样性>水源涵养>土壤保持>休闲娱乐；而本研究结果显示各项服务功能的价值量，对总服务功能价值的贡献大小顺序依次为：有机物质生产>气体调节>水土保持>涵养水源>营养物质循环；在此可以看出本研究结果基本符合规律，但是其中的营养物质循环功能价值的贡献相对较低，这主要是在估算营养物质循环价值量过程中，借鉴了中国陆地生态系统营养物质分配率及应用其他统计数据有一定的关系，但是鉴于本研究区域数据搜集的困难性，对于营养物质循环功能价值对研究区的贡献有待进一步研究。

4.6　本章小结

本章基于 RS 和 GIS 技术，经过对植被净初级生产力的估算，选取了有机物质生产、涵养水源、气体调节、营养物质循环、水土保持等五个服务功能作为三峡库区重庆段生态系统服务价值的评价指标,用 8 种植被类型来对三峡库区重庆段生态系统服务功能进行定量评估。主要结论有:

(1)通过基于 NDVI 对植被 NPP 的估算,三峡库区(重庆段)植被 NPP 为 $184.8 \sim 515.548 gC \cdot m^{-2}$。从时间序列上看,各年单位面积植被 NPP 的变化是呈现波动下降的趋势,季相变化为夏季>春季>秋季>冬季。

(2)生态系统服务价值的空间分布特征是:由大巴山山区所在的巫溪县、巫山县等及渝东南山区所在的奉节县、石柱县、武隆县等区域向忠县、涪陵区、及主城大片区域递减的趋势。

(3)基于 NPP 及各类统计数据对 8 类生态系统 5 种功能价值的估算。生态系统服务价值构成情况是:①从土地利用类型来看,各土地利用类型对单位面积服务价值的贡献率从大到小依次顺序为:阔叶林植被(5.07×10^5 元/km²)>灌丛和灌草丛(5.26×10^5 元/km²)>草甸(5.18×10^5 元/km²)>针叶林(5.07×10^5 元/km²)>耕地(4.81×10^5 元/km²)>经济林木(4.79×10^5 元/km²)>水生植被(4.62×10^5 元/km²)>水域(4.58×10^5 元/km²);②1998～2007 年从各生态系统服务功能来看,总服务价值量从大到小依次顺序是:有机物质生产的服务功能价值约 64.78 亿元,占整个生态系统服务功能价值的 28%;气体调节服务功能价值约 63.22 亿元,占整个生态系统服务功能价值的 27%,这两方面的贡献占主要地位。其次为水土保持,服务功能价值约为 42.95 亿元约占生态系统服务功能价值的 19%;涵养水源约为 36.44 亿元,约占 16%;最低为营养物质循环,服务功能价值约为 22.97 亿元,约占 10%。③从生态系统服务功能时间序列的分析,1998～2007 年生态服务功能年价值总量由高到低依次为:2005 年(278.51 亿元)、1998 年(271.77 亿元)、2003 年(255.64 亿元)、2000 年(245.60 亿元)、1999 年(226.75 亿元)、2007 年(225.71 亿元)、2004 年(222.88 亿元)、2002 年(215.18 亿元)、2001 年(186.87 亿元)、2006 年(174.58 亿元),而在 2000 年、2003 年、2005 年这三个峰值年限的下一年都会出现谷值,其中 2005 年最高。

第5章 三峡库区(重庆段)生态环境容量与区域配置研究

5.1 广义生态环境容量概念模型

5.1.1 概念模型

人类赖以生存和发展的环境是一个具有一定稳态效应的巨系统,它既为人类活动提供空间和载体,也为人类活动提供资源并容纳废弃物。由于环境系统在其组成、物质数量上存在一定的比例关系,在空间上有其分布规律,所以它对人类活动的支持能力有一定的限度,人们就把这一阈值定义为环境容量,并用它作为衡量人类社会经济与环境协调程度的依据。环境容量不仅与环境本身的结构有关,还与外界(人类社会经济活动)的输入输出有关,其按环境要素可分为大气环境容量、水环境容量、土地环境容量、生态环境容量以及人口环境容量、城市环境容量等。

理论上,环境是相对于某一中心事物而言的一个总体概念。环境因中心事物的不同而不同,随中心事物的变化而变化。通常所称的环境就是指人类环境,而人类环境可分为自然环境和社会环境。在环境概念的基础上派生的环境容量的概念,可分为广义的和狭义的两种。狭义环境容量是指一定时间范围内环境系统所能容纳的污染物(如 SO_2、PM_{10} 等)的最大负荷量。广义的环境容量则主要是指区域资源环境条件对发展规模(如人口、城市等)的承载力上限(表 5-1)。两种定义皆可用环境容量三要素来解释。环境容量三要素分别为容载体、容载对象、容载率。当容载体=区域环境系统、容纳对象=某种污染物的时候,容载率(EBR)的上限值就代表狭义环境容量;当容载体=区域环境系统,容纳对象=MAX(污染物 1,…,污染物 n,人口数量,社会经济活动)的时候,容载率(EBR)的上限值则代表广义环境容量。通常来讲,容载体表示自然环境[①],在一

[①] 此处所谓自然环境并非完全脱离于人的自然环境,它实际上是指经过人类活动影响后的自然环境,也即人工化的自然环境,典型的例子如排放了 SO_2 的大气、排放了 COD 的水体等。

定条件下可表示人工环境，容载体主要是指自然与社会的综合体。

表 5-1 环境容量概念模型解析表

基本概念	概念模型	含义
a. 环境（容载体）		①主体的逻辑"非"即为环境 ②环境是一个综合体 ③环境由多种要素构成 ④环境可看作一种容器
b. 中心事物（容载对象）		①环境本身并不能定义环境，环境由中心事物（主体）定义 ②当中心事物为人类时，此时环境即为人类环境，也即通常意义的环境
c. 环境容量总概念		①境容量表达环境相对于中心事物的容载能力；当中心事物为人类时，环境容量表达环境对人类的承载能力 ②环境对人类的承载能力分为多个方面，有大气、水、土地等要素，所以分为要素环境容量和环境总容量
d. 要素环境		①要素环境指环境的某一方面相对于人类的背景和容器 ②要素环境不能代表总体环境 ③要素环境可以分为关键要素环境和非关键要素环境，关键要素环境对人类的生存起核心支持和限制作用
e. 狭义环境容量	狭义环境容量	①要素环境容量即为狭义环境容量 ②要素环境容量是指环境的某一个方面（如大气）对人类的承载能力 ③各种环境要素对人类的承载能力难以计算出一个绝对标准，所以采用国家相关标准对不同区域的规定值来代表该区域的最大环境承载能力
f. 广义环境容量	广义环境容量	①广义环境容量即总环境容量 ②总环境容量是在考察所有环境制约要素（或关键环境要素）的基础上得出的 ③广义环境容量比狭义环境容量更具有一般性和代表性
g. 容载率	容载率	①容载率表示容纳对象的总量相对于环境容纳能力的水平 ②容载率值介于0~1时，代表环境容量还有余量，大于1时表示相对超载 ③相对超载表示超出了某种环境要素的容载标准，表示对人类生存有极大风险

(续表)

基本概念	概念模型	含义
h. 相对环境 容量 (本研究对 环境容量 的定义, 也即环境 容量潜力)	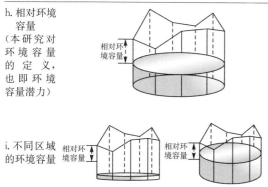	①相对环境容量=1-容载率,表示环境容量的相对余量 ②一般情况下环境容量表现为绝对量(如 SO_2 容量多少万吨),本研究采用相对量 ③本研究定义的环境容量表示关键环境要素的相对容量
i. 不同区域 的环境容量	相对环境容量　　相对环境容量	①不同区域具有不同的自然和社会条件,所以其环境容量不一致 ②环境容量高区域不代表其自然条件好,反之也成立 ③环境容量是自然与社会经济系统交互作用的结果,是动态的,关键性要素包括大气、水、土地以及生态

本章以三峡库区(重庆段)的 22 个区县为基本参考单元。为了区分环境容量的地域差异,将每个区县看成一个基本的环境容载体。首先确定制约三峡库区环境容量的关键性限制要素,分别为大气要素、水要素、土地要素和生态要素,通过对各个区县相对环境容量的计算以明确三峡库区各区域环境容量的空间格局特征和基本数量特征,最后通过环境总容量的计算来识别三峡库区环境容量的总体特点。特别值得说明的是,本研究所采用的环境容量的概念是相对环境容量(表 5-1),所以计算得出的环境容量数量化参数均表现为 $-1 \sim 1$ 的一个数值,当该值大于零时,表示对象区域尚有的环境余量比例;当该值小于零时,表示对象区域的环境容量已经相对超载,负值越大表示超载越严重。

5.1.2　技术流程

本章的内容总体包括五个方面:

(1)水环境容量评价与区域配置研究:主要考察三峡库区各区域水环境质量现状、发展趋势、主要污染物类型、空间分布特征;分析评价水环境容量,提出其区域控制目标和区域配置模式以及执行机制等。

(2)大气环境容量评价与区域配置研究:主要考察三峡库区各区域大气环境质量现状、发展趋势、主要污染物类型、空间分布特征;分析评价大气环境容量,提出其区域控制目标和区域配置模式以及执行机制等。

(3)土地资源容量评价:主要考察三峡库区各区域土地资源利用的状况,土地利用的总体变化趋势,分析评价土地资源的生产容量和空间容量,其中空间容量又分为城镇空间容量和农村空间容量,提出其区域控制目标和区域配置模式以及执行机制等。

(4)生态系统容量评价：主要考察三峡库区各区域生态系统的现状特征、发展趋势，采用特定的生态足迹计算模型分析各个区域的生态系统对外依存度，提出其区域控制目标和区域配置模式以及执行机制等。

(5)环境总体容量评价：根据土地、水、大气、生态等系统环境容量的分析，采用总体评价指数方法计算总体环境容量，提出区域总体环境容量的控制指标。研究环境容量的跨区域分配机制和执行方法。

详细技术路线及具体的组织逻辑见图 5-1。

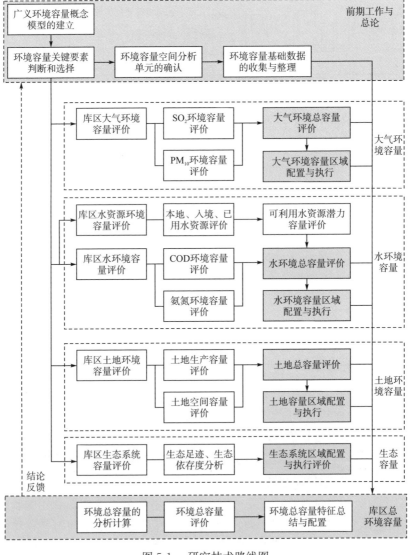

图 5-1　研究技术路线图

5.2 大气环境容量及区域配置

5.2.1 流程与方法

1. 技术流程[①]

三峡库区大气环境容量研究以三峡库区各区县居住环境空间为容载体，以 SO_2 和 PM_{10} 为容载对象，研究该大气污染物在各区县的环境容量阈值，评价大气环境容量的支持潜力以及在此基础上进行区域配置。研究流程见图 5-2。

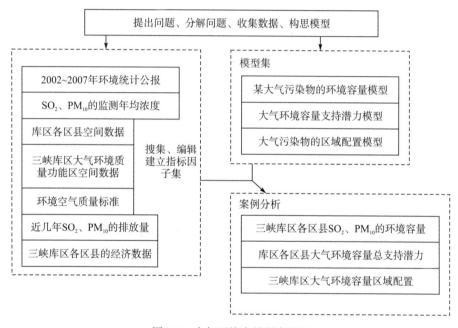

图 5-2 大气环境容量研究流程

建立大气环境容量模型、大气环境容量支持潜力模型和大气污染物的区域配置模型来解析三峡库区大气环境容量状况以及在此基础上的库区重庆段大气污染物总量控制和区域配置。

2. 大气环境容量的计算方法

大气环境容量是指特定区域内，在一定的气象条件、自然边界条件及排放源结构条件下，以满足该区域大气环境质量目标为前提，区域内各类污染源向大气中允许排放污染物的总和。大气环境计算公式如下：

---

① GB/T13201—91，制定地方大气污染物排放标准的技术方法［S］.1991.

$$Q_{ia} = \sum_{k=1}^{n} A (C_{ik} - C_o) \frac{S_k}{\sqrt{S}} \tag{5-1}$$

式中，Q_{ia} 为区域内某 i 类污染物年允许排放总量限值，也是城市理想大气容量（$\times 10^4 \text{t/a}$）；A 为地理区域性总量控制系数（$\times 10^4 \text{km}^2/\text{a}$）；$S$ 为区域控制区域总面积（km^2）；S_k 为区域第 k 个分区即控制区面积（km^2）；C_{ik} 为第 k 个区域某 i 类污染物的年平均浓度限值；C_0 为区域控制区的背景浓度（mg/m^3）。

3. 广义大气环境容量的计算方法

广义大气环境容量即利用环境容量指数值来表征城市现状排放量与目标之间的差距。根据目前搜集数据的可能性，若能收集到污染物的年排放量即采用下列模型作为单因子广义环境容量的计算：

$$P_i = 1 - \frac{Q_{ie}}{Q_{ia}} \tag{5-2}$$

式中，P_i 为某 i 类污染物的支持潜力；Q_{ia} 为某 i 类污染物的环境容量；Q_{ie} 为某 i 类污染物的实际排放量。大气环境容量潜力值越大，表明该区域剩余环境容量较多，有足够多的空间容纳污染物，值越小表明该区域容纳大气污染物的空间越少。

而对于排放量现状无法搜集到的大气污染物的广义环境容量评价，可采用排污系数法估计污染物排放总量，即以单位 GDP 排污系数为依据，某 i 污染物排放量估算模型：

$$Q_{ie} = (\gamma \cdot \kappa) \times \text{GDP} \tag{5-3}$$

式中，Q_{ie} 为预测年份某 i 类污染物的排放量；γ 为基准年份某种污染物的单位 GDP 排污系数；κ 为预测年份与基准年份的排污变动系数；GDP 为预测年份的国内生产总值。本研究污染物排污系数的基准年份取 2007 年。

将各单因子的环境容量支持潜力取其最小值即为研究区域的广义大气环境容量：

$$P = \min\{P_1, P_2, \cdots, P_n\} \tag{5-4}$$

5.2.2　大气环境容量计算

1. 空气质量功能区划

根据《环境空气质量标准》（GB3095-2001）划分环境空气质量功能区，各类功能区执行相应的空气环境质量标准即一类区执行一级标准，二类区执行二级标准。三峡库区按照相关标准分为二类环境空气质量功能区：一类区为自然保护区、风景名胜区和其他需要特殊保护的地区；二类区为城镇规划中确定的居民区、商业交通居民混合区、文化区、一般工业区和农村地区；而国家规定

的第三类区为特定工业区在三峡库区目前并没有大规模的工业区故只划定一二
类功能区。

2. 三峡库区理想大气环境容量计算

按大气环境容量模型计算(公式 5-1)得到三峡库区(重庆段)环境容量 SO_2 为
46.06 万 t/年、PM_{10} 为 76.76 万 t/年。具体区县情况见表 5-2。

表 5-2　环境容量计算结果

区县	建成区面积/km^2	二氧化硫环境容量/(吨/年)	PM_{10}环境容量(吨/年)
巫溪县	85.78	16337.57	27229.28
巫山县	195.40	24657.88	41096.46
奉节县	202.13	25078.92	41798.20
云阳县	209.95	25559.57	42599.28
开县	268.96	28929.62	48216.04
主城九区	982.63	157169.79	261949.64
万州区	347.73	32894.03	54823.39
忠县	178.71	23581.60	39302.67
丰都县	118.95	19238.63	32064.39
石柱县	80.15	15792.25	26320.42
武隆县	59.88	13650.37	22750.61
长寿区	215.26	25881.21	43135.35
涪陵区	146.55	21354.54	35590.91
江津区	297.77	30439.56	50732.60

计算结果表明,万州、江津、开县等绝对大气环境容量值较大,而主城九
区因考虑空气扩散影响,故并为整体考虑,其 SO_2 的环境容量值为 15.72 万吨,
PM_{10} 为 26.19 万吨。

同时将环境容量值与污染物排放量做比较发现两者之间已呈现不协调关系,
如表 5-3 中 2007 年 SO_2 排放现状和环境容量的比较可以看出,江津、九龙坡、
万盛、大渡口等污染物排放和环境容量的矛盾最为突出,SO_2 排放量已经远远高
于其环境容量值,呈现不协调关系。虽然主城九区除九龙坡和大渡口排放量高
于环境容量外,其他七区环境容量都稍微高于排放量,但处于流动的气体不受
区县限制,故从整个主城九区来看,两者刚刚持平,需警惕这些区县的污染物
排放情况。特别值得一提的是,江津、长寿、涪陵随着这几年的经济发展,污
染性产业外移至此,该区域的环境现状形势严峻。由此可见,三峡库区区域现
有的经济发展、污染物排放与环境容量之间呈现出不协调的关系。

表 5-3　2007 年各区县 SO_2 排放量、环境容量比较表　　（单位：吨/年）

区县	环境容量	排放量	区县	环境容量	排放量
巫溪县	16337.567	8818	长寿区	25881.209	39638
巫山县	24657.877	8107	江津区	30439.560	144349
奉节县	25078.919	18304	渝中区	7365.736	154
云阳县	25559.567	8572	九龙坡区	20362.898	66038
开县	28929.622	27121	沙坪坝区	19408.564	8088
万州区	32894.033	26747	江北区	14841.283	7915
忠县	23581.603	10617	南岸区	16132.292	11863
丰都县	19238.634	6916	巴南区	23363.836	9518
石柱县	15792.250	11438	大渡口区	10285.083	29487
武隆县	13650.366	4787	北碚区	17762.257	10744
涪陵区	21354.544	43784	渝北区	27647.836	10196

3. 三峡库区广义大气环境容量计算

(1)单项广义大气污染物环境容量分析

通过图 5-3 和图 5-4 可知，各区县对 SO_2 的支持程度不一，江津区、九龙坡区、大渡口区、长寿区和涪陵区已出现负值，该区域已经不能再容纳 SO_2 等污染物；巫溪县、巫山县、奉节县、开县、万州区、忠县、丰都县、石柱县、武隆县整体容纳能力尚好。

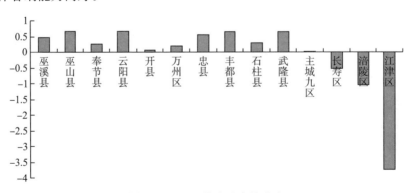

图 5-3　SO_2 环境容量支持潜力

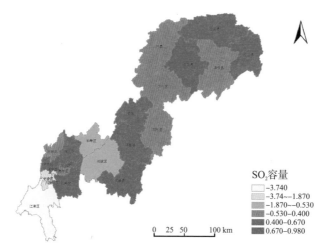

SO₂容量

图 5-4　大气 SO₂ 容量支持潜力空间分布图

在 SO₂ 环境潜在容量中，三峡库区支持潜力堪忧，主城区整体刚刚持平，但主城区外的长寿、涪陵、江津已入不敷出的区县将主城区整个包围，故该区域需要重点监控和治理区域。说明在都市圈建设过程中，因污染型企业往外搬迁使环境压力增大，需要重点进行减排监测，其他地区环境支持潜力较好。但从可持续发展角度出发，这些地区在进行对环境有影响的工业开发活动时，一定要提高产业技术水平，合理布局，以科学的决策和管理来减小对环境的压力。

各区县对 PM_{10} 的支持程度不一，巫溪、云阳最高，总体来说三峡库区对 PM_{10} 的容纳和支持有限 PM_{10} 通常来自在未铺沥青、水泥的路面上行使的机动车、材料的破碎碾磨处理过程以及被风扬起的尘土。其在环境空气中持续的时间很长，对人体健康和大气能见度影响都很大。并且它们主要来自污染源的直接排放，比如烟囱与车辆。可吸入颗粒物被人吸入后，会累积在呼吸系统中引发许多疾病。对粗颗粒物的暴露可侵害呼吸系统，诱发哮喘病。细颗粒物可能引发心脏病、肺病、呼吸道疾病，降低肺功能等。因此，对于老人、儿童和已患心肺病者等敏感人群，风险是较大的。另外，环境空气中的颗粒物还是降低能见度的主要原因，并会损坏建筑物表面，所以对 PM_{10} 的研究和监测治理是环境工作的重点所在。

三峡库区整体对 PM_{10} 潜在容量还有一定空间，其中巫溪县、巫山县、奉节县、云阳县、开县、万州区、忠县和丰都县较好，而其他区县对 PM_{10} 的支撑程度已不能与经济发展相协调，需要给予关注和重点防患和治理。

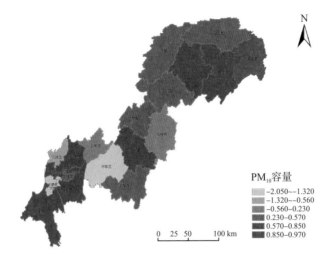

图 5-5　大气 PM_{10} 容量支持潜力空间分布图

(2)大气环境容量综合潜在容量分析

区县对污染物综合潜在容量最高的为巫溪县,最低的为九龙坡区;主城九区刚好持平,长寿区、涪陵区和江津区潜在容量较小。通过取 SO_2 和 PM_{10} 的潜在容量的最小值即得到三峡库区大气环境容量的支持潜力见图 5-6 和表 5-4,其中支持最高的是巫山县,最低的是主城九区的九龙坡区,已经完全不能容纳多余的污染物。特别指出的是,在三峡库区重庆段渝中区的大气环境容量支持潜力最高,这是因为渝中区以发展商业、贸易等第三产业为主,故在有限的面积上它对空气污染物还有一定的容纳能力,但该区的 PM_{10} 监测中是超标于国家二级标准,在该区更多关注对 PM_{10} 的研究。

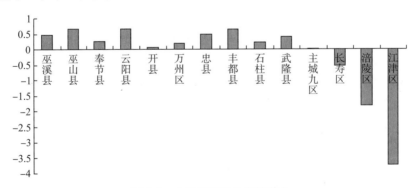

图 5-6　大气环境容量支持潜力

表 5-4　三峡库区(重庆段)大气环境容量综合支持潜力表(2007 年)

区县	SO_2 环境支持潜力	PM_{10} 环境支持潜力	总环境支持潜力
巫溪县	0.46	0.57	0.46

（续表）

区县	SO₂环境支持潜力	PM₁₀环境支持潜力	总环境支持潜力
巫山县	0.67	0.88	0.67
奉节县	0.27	0.85	0.27
云阳县	0.66	0.77	0.66
开县	0.06	0.51	0.06
万州区	0.19	0.49	0.19
忠县	0.55	0.50	0.50
丰都县	0.64	0.83	0.64
石柱县	0.28	0.23	0.23
武隆县	0.65	0.41	0.41
主城九区	0.02	0.11	0.02
长寿区	−0.53	0.09	−0.53
涪陵区	−1.05	−1.82	−1.82
江津区	−3.74	0.69	−3.74

从空间结构上看，主城区周边区县大部分支持潜力低。为科学地调控各个区县污染物排放，将三峡库区大气环境支持潜力进行等级划分，分为高、中、低、负四种支持潜力类型，整体上三峡库区重庆段的大气环境容量支持潜力并不高，基本持平；中、高支持潜力的区县大多远离主城区；负的支持地区多位于主城区的外围，刚刚将主城区包围。该现象表明当前大气环境现状与经济发展趋势出现严重不协调态势，并且主城九区当中大渡口和九龙坡仍然是属于排放量大于环境容量区县，同时对周边区县造成严重影响。

5.2.3　大气环境污染物空间配置

1. 大气环境的配置方法

区域总量控制与匹配可分为五个环节：工作准备、基数核实、总量分解、排污监测、监测管理。区域总量控制所指的总量不是指整个区域的环境容量，而是指某级控制区某种污染物的允许排放量，也是该控制区内此污染物的总量控制目标。

本控制区污染物总量控制目标由实际排污量和环境容量以及上一级控制区污染物总量来确定，模型如下：

$$Q_{ip} = \beta[(1-\alpha) \cdot Q_{ie} + a(Q_{ia} \cdot d)] \tag{5-5}$$

式中，Q_{ip} 为本控制区某 i 类污染物总量控制目标；Q_{ie} 为本控制区某 i 类污染物实际排放量；Q_{ia} 为本控制区某 i 类污染物的环境容量；d 为本控制区的经济发展因子；α 为 Q_{ie} 和 Q_{ia} 的权重因子；β 为调整系数。

(1)权重因子 α

区域总量控制目标主要取决于区域排污量和区域环境容量。总量控制目标越接近排污量，该目标越具现实性和可行性，但环境质量目标的实现不能得到充分保障；相反，若总量控制目标越接近环境容量，则环境质量目标越有保障，但可能由于脱离实际情况而缺乏充分可行性。因此，为了使总量控制目标现实可行，又与环境质量目标相一致，需同时兼顾实际排污量和环境容量，我们引入权重因子 α 来权衡它们的关系。通过控制 α 的大小，决策者便可以从宏观上控制污染治理的强度以及环境质量的达标速度，α 取值为 $[0, 1]$。

(2)经济发展因子 d

这里的经济发展指标包括两个方面，一是指控制区工业用地的比例代表经济密度，二是发展规划因子。引入经济发展因子主要用以估算环境容量的模型，若要保证控制区各处环境质量均达标，则区域污染物所能允许的排放量必然小于模型所估计的环境容量。经济密度因子的取值可直接根据现状统计资料确定，也可在统计资料的基础上进行适当的政策调整，充分考虑未来社会经济的发展规划可使控制目标的制定更符合实际，有利于促进环境保护与社会经济协调发展。

(3)总量调整系数 β

如前所述，除一级控制区以外，以下各级控制区的初始排污量的分配是采用逐级层层分解的方法。若定义 Q_{pu} 为上一级某控制区排污量，Q_{pr} 为上一级控制区预留控制量，Q_{pm} 为上一级控制区排污量，则：

$$\beta = \frac{Q_{pu} - Q_{pr}}{Q_{pm}} \tag{5-6}$$

综上所述，本控制区某污染物总量控制目标和区域配置的制定过程如图 5-7 所示。

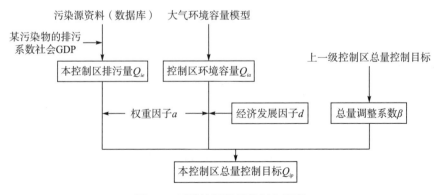

图 5-7　区域控制目标的制定程序

2. 大气环境的配置结果

通过大气环境容量(公式 5-1)及区域配置模型(公式 5-5、5-6)的建立,具体污染物总量分配方案见表 5-5。

表 5-5 三峡库区(重庆段)大气污染物总量目标配置初步计划 (单位:t)

区县	经济发展指标	调整系数		SO₂		PM₁₀		区域配置	
		SO₂	PM₁₀	环境容量	排放现状	环境容量	排放现状	SO₂	PM₁₀
巫溪县	0.1044	0.94	0.45	16337.57	8818	27229.28	11807.21	4946.11	3699.64
巫山县	0.1097	0.94	0.45	24657.88	8107	41096.46	4803.02	5081.63	2108.31
奉节县	0.1085	0.94	0.45	25078.92	18304	41798.20	6074.20	9881.78	2456.35
云阳县	0.1099	0.94	0.45	25559.57	8572	42599.28	9683.88	5349.07	3457.35
开县	0.1126	0.94	0.45	28929.62	27121	48216.04	23450.28	14277.88	7308.82
万州区	0.1245	0.94	0.45	32894.03	26747	54823.39	28032.43	14495.88	8797.35
忠县	0.1056	0.94	0.45	23581.60	10617	39302.67	19475.76	6160.39	6005.52
丰都县	0.1205	0.94	0.45	19238.63	6916	32064.39	5434.34	4340.34	2162.75
石柱县	0.115	0.94	0.45	15792.25	11438	26320.42	20186.94	6229.43	5995.31
武隆县	0.1293	0.94	0.45	13650.37	4787	22750.61	13421.97	3079.44	4153.43
主城九区	—	—	—	157169.79	154003	261949.64	234169.84	82217.83	69504.42
长寿区	0.1105	0.94	0.45	25881.21	39638	43135.35	39039.79	19974.00	11398.70
涪陵区	0.126	0.94	0.45	21354.54	43784	35590.91	100498.43	21843.10	27941.78
江津区	0.1185	0.94	0.45	30439.56	144349	50732.60	15579.66	69539.36	5288.64

整体来说,到 2020 年,三峡库区(重庆段)SO₂ 的目标控制量为 26.74 万吨,PM₁₀ 为 16.03 万吨,相比 2007 年排放现状情况严峻,需要通过减排提高大气环境质量。

5.3 水环境容量及区域配置

5.3.1 流程与方法

1. 概念与流程

水环境容量是指在不影响水的正常用途的情况下,水体所能容纳的污染物的量或自身调节净化并保持生态平衡的能力。水环境容量是制定地方性、专业性水域排放标准的依据之一,环境管理部门利用水环境容量来确定在固定水域到底允许排入多少污染物。因此水环境承载力可定义为:在某一特定的生产力状况和满足特定环境目标下,以及区域水体能够自我维持,自我调节并可以可持续发挥作用的前提下,所能支撑的人口,经济及社会可持续发展的最大能力。

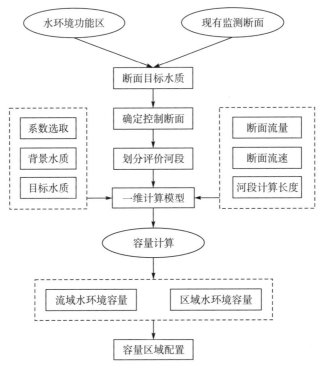

图 5-8 三峡库区水环境容量评价技术线路

2. 水环境容量计算方法

(1)河流水环境容量一维计算方法

从可获得的实测资料实际情况出发，选用一维计算模式进行江河水环境容量的测算。以计算河段沿程污染物平均浓度达标为条件确定设计河段水质达标比例；借用稀释度理论方法确定设计断面水质超标幅度和设计河段计算单元长度。

$$L_s = \frac{1}{1-\alpha_s} \ln\left[\frac{c + (\bar{S}_s - 1)C_s}{\bar{S}_s C_s}\right] \frac{86.4u}{K} \tag{5-7}$$

$$W = Q\left[(C_s \mathrm{e}^{K(1-\alpha_s)L_s/(86.4u)} - C) + (C_s - C_s \mathrm{e}^{-K\alpha_s L_s/(86.4u)})\right] \tag{5-8}$$

L_s 为河段计算长度(km)；　　　　　　c 为污水中污染物浓度；

u 为设计流速(m/s)；　　　　　　　　C 为河流污染物浓度(mg/L)；

Q 为设计流量(m³/s)；　　　　　　　α_s 为水质达标比例(一般取 0.5)；

C_s 为断面目标水质(mg/L)；　　　　　K 为综合降解系数(d⁻¹)；

$\bar{S}_s$ 为设计初始稀释度(Ⅱ类水为 70，Ⅲ类水为 50，Ⅳ类水为 40，Ⅴ类水为 30)

(2)水库水环境容量计算方法

对于水库水环境容量，采用忽略扩散，点源连续稳定排污非完全混合湖库

水质模型,如式(5-9):

$$c_0 = (c_s - c_h)\exp\frac{k \cdot \varphi \cdot H \cdot \gamma^2}{2q} \tag{5-9}$$

式中,k 为水体污染物的自然衰减系数;c_s 为水环境控制目标浓度(mg/L);c_h 为背景值浓度(mg/L);q 为在安全容积期间,从湖库水中排泄出的流量(m³/d);φ 为河宽;H 为水深;γ 为不均匀系数。

点源允许排污量:

$$W = c_0 \cdot q \times 10^{-3} \tag{5-10}$$

式中,W 为点源当 r 处满足水质目标时的允许排放负荷,(kg/d)。

如果在湖库边有多个点源,先按式(5-9)计算单个点源的允许排污量,然后将每个点源的允许排污量累加起来,即为整个湖库的水环境容量。

(3)相关系数的选取

根据国内外研究文献资料和中国环境规划院提供的参考值,结合三峡库区地域特点,从水环境偏安全角度出发,本次容量测算设计综合降解系数 k 取值见表5-6。

表 5-6　水环境容量测算不同污染物综合降解系数 k 取值

		COD	NH_3-N
降解系数/d⁻¹	天然河段	0.10	0.080
	成库河段	0.02	0.015

由于缺乏实测资料,根据中国环境规划院"河流水环境容量分析系统",设计综合混合系数参考取 $0.05 \sim 0.2\text{m}^2/\text{s}$(根据流速不同选取,流速大于 0.5m/s,取 $0.2\text{m}^2/\text{s}$;流速小于 0.1m/s,可取 $0.05\text{m}^2/\text{s}$)。

(4)设计背景水质

长江、嘉陵江和乌江进入三峡库区(重庆段)时的水质各不相同,因此在库区重庆境内容量测算时,三江干流一个控制单元设计背景水质采用上一个控制单元容量测算的单元出境水质。次级河流的水环境容量计算时规定:每个控制单元都采用上个功能区容许排放限值,即水质目标(如Ⅱ类标准 COD 的浓度为15mg/L)作为设计背景水质,若没有上个功能区,则采用本功能区的排放限值作为设计背景水质。

(5)设计水质目标

水环境容量测算时,各控制单元的设计水质目标根据《重庆市地面水域适用功能类别划分规定》来确定,相关指标参照《地表水环境质量标准(GB3838-2002)》。

表 5-7　　《地表水环境质量标准(GB3838－2002)》关于 COD 和氨氮的标准

(单位：mg/L)

指标	Ⅰ类	Ⅱ类	Ⅲ类	Ⅳ类	Ⅴ类
化学需氧量(COD)≤	15	15	20	30	40
氨氮(NH$_3$－N)≤	0.015	0.5	1.0	1.5	2.0

(6)河流流量与流速

我们假定降水的分布与次级河流流量的分布是一致的，具有相同的分布规律，这样就能通过降水量的年内分布规律推算出次级河流径流量的年内分布，也就能推算出次级河流的最枯月流量。即：

$$Q_i = \frac{R_i}{R_s} \cdot \frac{L_j}{L} \cdot Q_s \tag{5-11}$$

式中，Q_i 为次级河流某控制单元最枯月径流量(m^3/s)；R_i 为次级河流流域内最枯月平均降水量(mm)；R_s 为次级河流流域内年平均降水量(mm)；L_j 为次级河流某控制单元的河段长度(km)；L 为次级河流整体条河流的长度(km)；Q_s 为次级河流(长江、嘉陵江或乌江)汇口多年平均径流量(m^3/s)。

本次容量测算以上式计算出的 Q_i 替代保证率 $P=90\%$ 的河流枯季流量 $Q_{90\%}$。次级河流采用设计流量下全断面平均流速，全断面平均流速计算公式如下：

$$\bar{V} = Q_{90\%}/A \tag{5-12}$$

式中，$\bar{V}$ 为断面平均流速(m/s)；$Q_{90\%}$ 为保证率为 90% 的断面最枯月平均流量(m^3/s)；A 为断面横截面积(m^2)；为使水环境偏安全，当设计流速低于 0.1m/s 时，取为 0.1m/s。

3. 水环境容量潜力指数

对区域 COD 和氨氮容量与现状排放量进行比较，用以下公式进行运算，得出水环境容量潜力指数即：

$$W_{COD} - W_{COD排} = W_{COD超(余)} \tag{5-13}$$

$$W_{氨氮} - W_{氨氮排} = W_{氨氮超(余)} \tag{5-14}$$

$$W_{氨氮余}/W_{氨氮} = S_{氨氮剩余百分比} \qquad (当环境容量有剩余时) \tag{5-15}$$

$$W_{氨氮超}/\max(W_{氨氮超载量}) = S_{氨氮超载指数} \qquad (当环境容量超载时) \tag{5-16}$$

$$W_{COD余}/W_{COD} = S_{COD剩余百分比} \qquad (当环境容量有剩余时) \tag{5-17}$$

$$W_{氨氮超}/\max(W_{COD超载量}) = S_{COD超载指数} \qquad (当环境容量超载时) \tag{5-18}$$

$$i_{水环境容量潜力指数} = \min(S_{COD超(余)载指数}, S_{氨氮超(余)载指数}) \tag{5-19}$$

为便于运算,潜力指数归并为 1 到 -1。

5.3.2　水环境容量计算

1. 水环境容量计算

从水环境容量的计算(公式 5-7~5-10)结果来看,水环境容量与水资源量有显著相关性,水资源越丰富,水环境容量越大;反之,水资源越少,水环境容量越小。三峡库区水环境 COD 总容量较大,NH_3-N 总容量比排放量略有盈余。大部分环境容量集中在"三江"城市江段,但"三江"非城市江段仍然具有相当数量的环境容量。

就环境容量在"三江"水域范围分布来看,大部分环境容量集中在城市江段,约占 64.5%,主要是大多数城市都是沿江分布,但非城市江段仍然具有相当数量的环境容量,约占 35.5%,详见表 5-8:

表 5-8　"三江"水域环境容量的城市江段与非城市江段分布表

指标项目	COD/(t/a)	$NH_3-N/(t/a)$
三江"水域	462802	24503
城市江段	298568	18437
所占比例/%	64.5	75.2
非城市江段	164234	6066
所占比例/%	35.5	24.8

水环境容量主要集中在三峡库区水域的三江干流,次级河流容量不到 8%,剩余水环境容量也主要集中在三江干流。

库区重庆段流量较大的河流是长江、嘉陵江、乌江。因此,水环境容量也主要集中在长江、嘉陵江、乌江干流,"三江"水环境容量占 92% 以上,其他次级河流的水环境容量仅占 8% 以下。

从水体水环境容量的流域分布来看,重庆段水环境容量主要集中在三峡库区水域的三江干流,三峡库区水域还有相当数量的剩余环境容量;次级河流总体水环境容量比例较小,水环境压力比较大,超载比较严重。次级河流和水库的现状入河负荷量整体上超过了环境容量,需要削减入河负荷量,控制污染,保护水质。

表 5-9　重庆市"三江"干流与次级河流环境容量

水体	指标		环境容量/(t/a)		占总量的百分比%	
三江干流	COD	长江	315304		63.1	
		嘉陵江	55152	462802	11.0	92.6
		乌江	92346		18.5	
	NH₃—N	长江	15832		59.6	
		嘉陵江	3246	24503	12.2	92.2
		乌江	5425		20.4	
次级河流及水库	COD		37885		7.5	
	NH₃—N		2167		7.9	

2. 三峡库区水环境容量区县潜力计算

由于主城九区关系密切,水环境计算过程中共同的水域边界相互交错,为避免多次重复计算,将主城九区当成一个区域来统计。

水环境容量与区县辖区内的河流流量、水库容量,河流长度直接相关。河流流量越大、长度越长,水库容量越大则其容量越大。

以下对三峡库区重庆段各区县水环境容量进行分析:巫溪县和石柱县的 COD 和氨氮排放量都超过了其容量,而江津区和主城九区的 COD 容量有一定剩余,氨氮排放量略有超出。江津区、万州区和主城九区的 COD 容量有一定剩余,氨氮排放量略有超出。巫山县、奉节县、云阳县、开县、忠县、丰都县、武隆县、长寿区和涪陵区的 COD 和氨氮容量比现状排放量均有较多剩余。

表 5-10　三峡库区(重庆段)水环境容量及潜力的区县汇总表(负值表示超载)

县区	水环境容量		2006 排放量		水环境余(超)载量				水环境潜力指数		
	COD	氨氮	COD	氨氮	COD/t	倍数	氨氮/t	倍数	氨氮	COD	综合
巫溪县	477	61	656	79	−179	−0.37	−18	−0.30	−0.005	−0.023	−0.023
巫山县	18919	803	1826	143	17093	0.90	660	0.82	0.82	0.90	0.820
奉节县	18908	737	859	179	18049	0.95	558	0.76	0.76	0.95	0.760
云阳县	32059	1042	2130	209	29929	0.93	833	0.80	0.80	0.93	0.800
开县	3757	192	2511	144	1247	0.33	48	0.25	0.25	0.33	0.250
万州区	28690	1251	15646	1964	13044	0.45	−713	−0.57	−0.205	0.45	−0.205
忠县	27137	718	1934	238	25203	0.93	480	0.67	0.67	0.93	0.670
丰都县	15179	499	2569	156	12610	0.83	343	0.69	0.69	0.83	0.690
石柱县	1111	39	3038	560	−1927	−1.73	−521	−13.35	−0.150	−0.245	−0.245
武隆县	24761	1295	902	65	23859	0.96	1230	0.95	0.95	0.96	0.950

(续表)

县区	水环境容量		2006 排放量		水环境余(超)载量				水环境潜力指数		
	COD	氨氮	COD	氨氮	COD/t	倍数	氨氮/t	倍数	氨氮	COD	综合
长寿区	30578	1847	12239	634	18339	0.60	1213	0.66	0.66	0.60	0.600
涪陵区	68296	3752	16988	2109	51308	0.75	1643	0.44	0.44	0.75	0.440
江津区	13090	761	9555	955	3535	0.27	−194	−0.25	−0.056	0.502	−0.056
主城九区	141073	8418	110985	8979	30088	0.21	−561	−0.07	−0.161	0.21	−0.161

5.3.3　水环境污染物空间配置

环境容量是一种有限资源,其分配就是赋予排污单位对容量资源的使用权。在分配中,公平与效益是需要考虑的两个重要原则。排污权分配有无偿分配、定价出售和公开竞价拍卖 3 种方式。目前,水环境容量在我国基本上采用无偿分配方式。无偿分配方式的难点在于如何实现分配的公平和效益原则。本节探讨在遵循公平的原则下,对流域水环境容量在区域间进行分配,并采用基尼系数法对分配结果进行评估。

1.水环境的配置方法

水环境容量的分配是总量控制的核心,科学的分配方案是实施水污染物总量的技术关键。容量的分配实质上是确定各排污单位利用环境资源的权利,确定各排污单位削减污染物的义务,即利益的分配和矛盾的协调,应尽可能地考虑公平和效益原则。

2.基于效益的分配方法

效益原则是从经济角度出发,考虑经济成本最小化、治污费用最小化,忽视分配过程中涉及的社会、技术、劳动力资源等因素的影响。以治理费用为目标函数,使系统的污染治理投资费用总和最小的前提下,确定各污染源的允许排放量。这种分配原则对系统的经济、环境等起到了积极作用,但却忽视了各排污者之间的公平性问题,不可避免地造成污染治理效率高,边际治理费用低,但管理得力的污染源承担更多的削减量。国内外实践表明,只依照最小费用的分配方法在实施时将受到很大阻力。

3.基于公平的分配方法

等比例分配。在承认各排污单位现状排放的基础上,将总量控制系统内的允许排放总量等比例分配,各排污单位分担等比例排放责任。

按贡献率削减排放量的分配。按各分配单位对总量控制区域内水质影响程度的大小,按污染物贡献率大小来削减污染负荷,影响大的单位多削减。

基于基尼系数的分配。从环境角度来看，可以采用基尼系数的概念反映各个区域的单位经济、社会或环境资源指标所负荷污染物排放强度的平等程度，而基尼系数越小，区域间单位人口数量或经济规模所负荷的污染物量越平等，分配越公平。

4.基尼系数配置水环境容量

(1)基尼系数的内涵

基尼系数是1922年意大利经济学家基尼根据洛伦兹曲线提出的定量测定收入分配差异程度的指标，又称为洛伦兹系数，洛伦兹曲线如图5-9所示。设实际收入分配曲线和收入分配绝对公平曲线之间的面积为A，实际收入分配曲线右下方的面积为B，并以A除以A+B的商表示不公平程度，这个数值被称为基尼系数。基尼系数可在0和1之间取任何值。收入分配越是趋向公平，洛伦兹曲线的弧度越小，基尼系数也越小，反之，收入分配越是趋向不公平，洛伦兹曲线的弧度越大，那么基尼系数也越大。

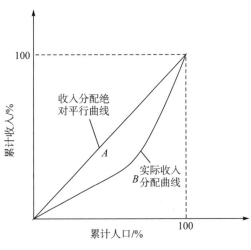

图5-9 洛伦兹曲线

(2)分配方法

1)分配模型

分配中考虑各分配单位的GDP产值体现其经济性；以各分配单位所承载的非人口作为社会因子参与到分配中；同时尊重历史，考虑各分配单位对流域的污染贡献率。其分配模型如下：

$$W_n = W \times (a_1 \cdot S_n + a_2 \cdot E_n + a_3 \cdot D_n) \tag{5-20}$$

$$S_n = \frac{S'_n}{\sum\limits_{i=1}^{i} S'_n} \qquad E_n = \frac{E'_n}{\sum\limits_{i=1}^{i} E'_n} \qquad D_n = \frac{D'_n}{\sum\limits_{i=1}^{i} D'_n} \tag{5-21}$$

式中，W 为河流的水环境容量(t/a)；W_n 为第 n 个分配单位分配到的水环境容量 (t/a)；S_n 为第 n 个分配单位利用水环境资源的社会效益系数(%)；S_n' 为第 n 个 分配单位的非农业人口(人)；E_n 为第 n 个分配单位利用水环境资源的经济效益 系数(%)；E_n' 为 n 个分配单位的年 GDP 产值(万元)；D_n 为第 n 个分配单位当 前的污染贡献率(%)；D_n' 为第 n 个分配单位当前的污染物排放量(t/a)；a_1，a_2， a_3 为各指标权重。

2)权重确定

采用基尼系数法进行容量分配一般对每个指标赋予相同的权重，即平均的 方法进行分配，再通过基尼系数对分配方案进行调整。根据流域内 GDP 构成结 构以及单位工业 GDP 污染物排放量和人均污染物排放量，对权重进行调整。 GDP 和人口的权重及污染物现状排放量权重，分别取 0.4、0.4 和 0.2。

(3)评估方法

采用基尼系数法对分配结果进行评估，若所有基尼系数均在合理的范围之 内，则可认为现有的分配比例合理；若某因素的基尼系数不合理，则以该因素 为主要因素，以其洛伦兹曲线为依据进行修正，直到所有的基尼系数均达到 合理。

1)评估及再分配步骤

根据初次分配结果，应用基尼系数法对区域环境容量分配结果进行再分配， 获得最佳分配结果。主要分为以下几个步骤：对研究的环境影响因素进行分析， 选择合适的评估指标；收集整理各分配对象的相关指标数据及主要污染物的污 染排放量数据；绘制各指标与环境容量相对应的洛伦兹曲线，计算相应的基尼 系数，绘制时应按各指标的单位环境容量对数据进行由低到高排序；根据定义 的基尼系数的合理范围，判断各基尼系数的合理性，若不合理，则需采取相关 措施进行修正。

2)评估指标的选取

根据水环境容量分配模型的分析来确定，影响水环境其分配因素有以下几 类：社会因素，包括人口、经济产值和排污口情况等；自然因素，包括土地面 积、河流长度、水资源量和水质现状等；综合因素，包括人口密度、水环境容 量、排污量和环境保护投入等。

对不同的分配对象影响因素可根据实际情况增删，但所选因素应较好地反 映区域社会、经济、水环境的属性，与环境污染密切相关并可以量化，可获得 准确数据，经过分析，选择人口、GDP 作为基尼系数法的评估指标。

基于公平原则的分配会出现分配量大于行政区水环境容量的情况，因此本 节以测算的水环境容量作为约束，以不超过水环境容量的分配量作为总量控制指标。

5. 分配结果

为保持数据的一致性，以 2007 年三峡库区(重庆段)统计年鉴中各县(区) GDP、非农业人口分别作为经济效益系数(E_n)和社会效益系数(S_n)的计算基数 (公式 5-20)。排污贡献率(D_n)以 2006 年环境统计的工业和城镇生活点源排放量 作为测算基础，各系数计算结果如表 5-11 所示。

表 5-11　水环境容量区县区域模型配置表

区域	城镇人口 /万人	GDP /万元	水环境容量		社会效益 系数/%	经济效益 系数/%	污染贡献率/%		分配容量	
			COD	氨氮			COD	氨氮	COD	氨氮
巫溪县	7.02	147074	477	61	0.6	0.47	0.25	0.28	2306	125
巫山县	10.62	204608	18919	803	0.8	0.66	0.69	0.51	3690	187
奉节县	20.48	449077	18908	737	1.6	1.44	0.33	0.63	6457	360
云阳县	24.41	435421	32059	1042	1.9	1.40	0.81	0.74	7473	394
开县	31.55	701740	3757	192	2.5	2.26	0.95	0.51	10462	534
万州区	69.75	1333371	28690	1251	5.5	4.29	5.93	6.95	25556	1416
忠县	18.29	438313	27137	718	1.4	1.41	0.73	0.84	6449	349
丰都县	15.54	367199	15179	499	1.2	1.18	0.97	0.55	5797	286
石柱县	8.13	251517	1111	39	0.6	0.81	1.15	1.98	4058	260
武隆县	8.91	298289	24761	1295	0.7	0.96	0.34	0.23	3672	190
长寿区	32.85	869607	30578	1847	2.6	2.79	4.64	2.24	15439	695
涪陵区	49.65	1349785	68296	3752	3.9	4.34	6.43	7.46	22990	1279
江津区	61.62	1331201	13090	761	4.9	4.28	3.62	3.38	21945	1156
主城区 九区	556.19	13323189	141073	8418	43.9	42.82	42.04	31.78	215879	10950

6. 分配结果公平性评估

根据基尼系数法，按人均 COD、氨氮分配量由低到高对各行政区进行排序，据此绘制洛伦兹曲线，计算得人口 COD(氨氮)分配量基尼系数；按单位 GDP 的 COD、氨氮分配量由低到高对各行政区进行排序，绘制洛伦兹曲线，计算得 GDP－COD(氨氮)分配量基尼系数。各指标洛伦兹曲线及基尼系数如图 5-10 至图 5-13 所示。

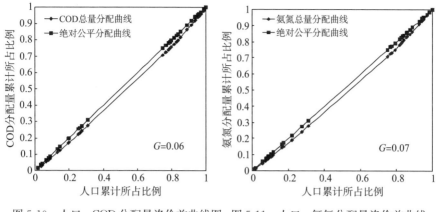

图 5-10　人口－COD 分配量洛伦兹曲线图　图 5-11　人口－氨氮分配量洛伦兹曲线

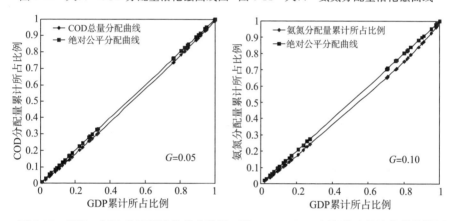

图 5-12　GDP－COD 分配量洛伦兹曲线图　图 5-13　GDP－氨氮分配量洛伦兹曲线图

经计算指标的基尼系数最小值为 0.05,最大值为 0.10,均小于 0.2,在界定的公平范围内,故上述分配方案对于流域内各区县而言是较公平的。

7. 分配方案确定

考虑到流域内部分河段已出现超标现象的实际情况,将分配结果与环境容量测算值进行对比,取值小者作为最终分配结果,则 COD 最终分配量为257031t/a,占 COD 容量的 60.6%,氨氮分配量为 14462t/a,占氨氮容量的67.5%。最终分配方案如表 5-12 所示。

表 5-12　水环境容量区县分配表

区县	计算水环境容量		基尼系数分配容量		最终分配容量	
	COD	氨氮	COD	氨氮	COD	氨氮
巫溪县	477	61	2306	125	477	61
巫山县	18919	803	3690	187	3690	187

（续表）

区县	计算水环境容量		基尼系数分配容量		最终分配容量	
	COD	氨氮	COD	氨氮	COD	氨氮
奉节县	18908	737	6457	360	6457	360
云阳县	32059	1042	7473	394	7473	394
开县	3757	192	10462	534	3757	192
万州区	28690	1251	25556	1416	25556	1251
忠县	27137	718	6449	349	6449	349
丰都县	15179	499	5797	286	5797	286
石柱县	1111	39	4058	260	1111	39
武隆县	24761	1295	3672	190	3672	190
长寿区	30578	1847	15439	695	15439	695
涪陵区	68296	3752	22990	1279	22990	1279
江津区	13090	761	21945	1156	13090	761
主城区九区	141073	8418	215879	10950	141073	8418
合计	424035	21415	352173	18181	257031	14462

5.4　土地环境容量与区域配置

5.4.1　流程与方法

土地环境容量属于要素环境容量，是指一定时空范围内的土地环境系统在一定状态下对特定区域范围内人口、社会、经济及各项建设活动所提供的最大容纳程度。土地环境容量一般通过土地生产环境容量和土地空间环境容量两方面进行评价。

1. 土地生产环境容量的计算方法

土地生产环境容量是基于人粮关系的土地环境容量。它从土地粮食生产的角度来分析土地资源承载的人口数量，是对区域土地、粮食与人口关系的系统透视。土地生产环境容量研究需要从土地资源生产潜力与现实生产力和土地资源现实承载力与土地资源承载潜力等方面开展工作。

（1）土地资源承载潜力

土地资源承载潜力主要反映区域土地、粮食与人口的关系，可以用一定粮食消费水平下区域土地生产力所能持续供养的人口规模或承载密度来度量。公式为：

$$LCC = G/Gpc \qquad (5\text{-}22)$$

式中，LCC 为土地资源现实承载力或土地资源承载潜力；G 为土地生产力，可以以年均粮食产量计；Gpc 为人均粮食消费标准，现实承载力以 400kg/人计。

（2）土地资源承载指数

土地资源承载指数是指区域人口规模与土地资源承载力之比，反映区域土地、粮食与人口的关系。公式为：

LCCI＝Pa/LCC

Rp＝（Pa－LCC）/LCC×100％＝（LCCI－1）×100％

Rg＝（LCC－Pa）/LCC×100％＝（1－LCCI）×100％ （5-23）

式中，LCCI 为土地资源承载指数；LCC 为土地资源承载力；Pa 为现实预期人口数量；Rp 为土地超载率；Rg 为粮食盈余率。

2. 土地空间环境容量的计算方法

土地空间环境容量是指一定时空范围内的土地环境系统在一定状态下对特定区域范围内人口、社会、经济及各项建设活动所提供的最大容纳程度。土地环境容量的评价主要是从城镇土地环境容量和农村土地环境容量两方面进行评估的，具体流程如图 5-14 所示。

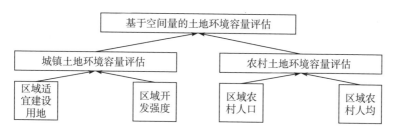

图 5-14　土地空间环境容量评估流程图

城镇土地环境容量，是根据城市经济发展水平、城市建设承载力及城乡总体规划确定各地区土地的开发强度。计算公式如下所示：

$$Q_c = 1 - \frac{B}{k \times S} \tag{5-24}$$

式中，Q_c 为城镇用地土地环境容量；B 为现有建设用地量；k 为区域开发强度；S 为区域面积。

农村土地环境容量，即区域农村人口密度与全国农村人口密度标准之间的关系，计算公式如下所示：

$$Q_z = 1 - \frac{P \times N}{S_z} \tag{5-25}$$

式中，Q_z 为农村用地土地环境容量；P 为区域农村人口数量；N 为区域人均用地标准；S_z 为区域农村土地面积；即区域总面积－建设用地面积。

5.4.2　土地环境容量计算

1.土地生产环境容量计算

以《2008年重庆市统计年鉴》数据为基础并以区县为基本单元,以GIS空间分析与计算技术为向导,按照式(5-22)与(5-23)计算出各区县土地资源承载指数(LCCI)、土地超载率(Rp)以及粮食盈余率(Rg),结果见表5-13,运用Arc-GIS的方法绘制了土地生产环境容量的空间分布图,结果见图5-15。基于人粮关系的三峡库区(重庆段)土地资源承载力研究表明,三峡库区(重庆段)土地承载潜力总体表现为地域差异明显。

表5-13　三峡库区(重庆段)各区县土地生产环境容量计算结果

区县	面积/km²	2007年常住人口/万人	2004~2007年均粮食产量/万吨	人均粮食/(kg/人)	土地资源潜力(LCC)/万人	土地资源承载指数(LCCI)	粮食需求量/万吨	土地环境容量
巫溪县	4030	43.88	19.38	437.00	48.46	0.905	17.55	0.094
巫山县	2957	49.59	21.92	438.00	54.79	0.905	19.84	0.095
奉节县	4099	85.18	41.95	489.00	104.88	0.812	34.07	0.188
云阳县	3649	101.01	42.91	423.00	107.28	0.942	40.40	0.058
开县	3959	115.19	54.90	474.00	137.26	0.839	46.08	0.161
万州区	3457	151.91	49.46	326.00	123.65	1.229	60.76	−0.042
忠县	2176	74.60	39.94	535.00	99.86	0.747	29.84	0.253
丰都县	2904	63.95	31.49	489.00	78.72	0.812	25.58	0.188
石柱县	3009	42.93	25.41	586.00	63.52	0.676	17.17	0.324
武隆县	2901	34.42	16.11	464.00	40.27	0.855	13.77	0.145
长寿区	1423	75.17	35.07	466.00	87.67	0.857	30.07	0.143
涪陵区	2941	101.31	40.97	404.00	102.42	0.989	40.52	0.011
渝中区	18	71.09	0.00	0.00	0.00	25.000	28.44	−1.000
九龙坡区	432	97.95	5.61	58.00	14.02	6.986	39.18	−0.241
沙坪坝区	396	89.08	5.58	64.00	13.95	6.386	35.63	−0.220
江北区	220	67.36	1.93	29.00	4.83	13.946	26.94	−0.481
南岸区	260	69.15	2.02	30.00	5.04	13.720	27.66	−0.473
巴南区	1825	87.11	36.54	429.00	91.35	0.954	34.84	0.047
大渡口区	102	26.96	0.44	17.00	1.11	24.288	10.78	−0.839
江津区	3219	126.49	64.10	507.00	160.25	0.789	50.6	0.211
北碚区	755	70.01	10.06	147.00	25.16	2.783	28.00	−0.096
渝北区	1452	92.91	23.35	260.00	58.37	1.592	37.16	−0.055

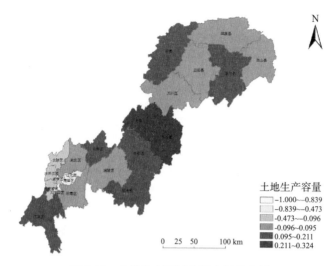

土地生产容量
- -1.000~-0.839
- -0.839~-0.473
- -0.473~-0.096
- -0.096~0.095
- 0.095~0.211
- 0.211~0.324

0　25　50　　100 km

图 5-15　土地生产环境容量空间分布图

按照三峡库区（重庆段）各区县土地资源承载指数及其人粮平衡关系，可以将各区县划分为土地超载地区、人粮平衡地区和粮食盈余地区等 3 种不同类型区：即土地超载地区、人粮平衡地区、粮食盈余地区，结果见表 5-14。

表 5-14　三峡库区（重庆段）土地资源承载力评价结果

类型	级别	区县
粮食盈余	富富有余	
	富裕	石柱、忠县
	盈余	长寿、丰都、开县、奉节、武隆、江津
人粮平衡	平衡有余	巫山、巫溪、云阳、巴南区、涪陵区
	临界超载	
土地超载	超载	万州
	过载	
	严重超载	渝北、北碚、沙坪坝区、南岸区、九龙坡区、大渡口区、渝中区、江北区

2. 土地生产环境容量计算分析

(1)城镇土地环境容量的计算分析

按上述计算方法计算并运用 ArcGIS 的方法绘制了城镇土地环境容量空间分布图，如图 5-16。发现三峡库区（重庆段）在城镇土地环境容量方面表现出适宜建设用地总量较大，显示三峡库区（重庆段）空间分布零散，地域差异大。而且大部分城镇居民人均建设用地数量远大于全国城镇人均水平标准，这就要求三峡库区应注重城市内涵建设，实现城市土地集约利用。三峡库区（重庆段）大部分地区土地城镇空间环境容量潜力均较大，空间分布总体表现与各区县适宜建设用地水平一致结果见表 5-15。

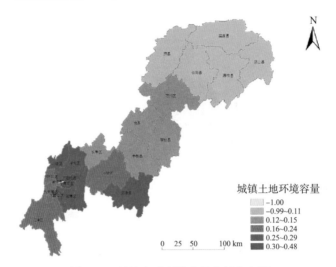

图 5-16　城镇土地环境容量空间分布图

表 5-15　三峡库区(重庆段)各区县城镇土地空间环境容量潜力评估

区县	面积/km²	2007 年常住人口/万人	2007 年城镇人口/万人	2007 年建设用地/km²	规划开发强度/%	规划建设用地/km²	城镇土地环境容量潜力
巫溪县	4030	43.88	8.16	85.82	2.37	95.51	0.10
巫山县	2957	49.59	11.88	195.49	7.24	214.09	0.09
奉节县	4099	85.18	22.65	202.23	5.53	226.67	0.11
云阳县	3649	101.01	27.19	210.05	6.41	233.90	0.10
开县	3959	115.19	34.85	269.09	7.39	292.57	0.08
万州区	3457	151.91	74.6	347.90	11.82	408.62	0.15
忠县	2176	74.60	20.30	178.80	9.37	203.89	0.12
丰都县	2904	63.95	17.25	119.01	4.77	138.52	0.14
石柱县	3009	42.93	9.24	80.19	3.05	91.79	0.13
武隆县	2901	34.42	9.79	59.91	2.91	84.43	0.29
长寿区	1423	75.17	35.31	215.37	17.67	251.55	0.14
涪陵区	2941	101.31	52.82	146.62	6.56	192.96	0.24
渝中区	18	71.09	71.09	17.44	77.27	14.33	−1.00
九龙坡区	432	97.95	97.95	133.32	39.04	168.65	0.21
沙坪坝区	396	89.08	89.08	121.12	39.39	156.06	0.22
江北区	220	67.36	67.36	70.82	50.41	111.29	0.36

(续表)

区县	面积/km²	2007年常住人口/万人	2007年城镇人口/万人	2007年建设用地/km²	规划开发强度/%	规划建设用地/km²	城镇土地环境容量潜力
南岸区	260	69.15	69.15	83.68	49.36	128.71	0.35
巴南区	1825	87.11	58.33	175.51	12.89	235.24	0.25
大渡口区	102	26.96	26.96	34.01	63.36	65.15	0.48
江津区	3219	126.49	65.72	297.92	11.37	366.00	0.19
北碚区	755	70.01	48.42	101.44	19.00	143.45	0.29
渝北区	1452	92.91	59.24	245.78	22.84	331.64	0.26

注：表中开发强度来自于国土局

(2)土地农村空间环境容量计算

根据区域自然条件特征，选取不同参考标准，结合式(5-24)计算三峡库区(重庆段)各区县农村土地环境容量，结果见表5-16。运用ArcGIS的方法绘制了土地农村环境容量空间分布图，结果见图5-17。总的看来，三峡库区(重庆段)各区县土地农村空间环境容量潜力大，但受区域自然条件影响，空间分布不均衡。

表 5-16　三峡库区(重庆段)各区县土地空间(农村)环境容量评估

区县	面积/km²	2008年农村人口/万人	人口密度标准/(人/km²)	总建设用地/km²	农村居民用地/km²	农村土地需求量/km²	农村土地拥有量/km²	农村土地空间环境容量潜力
巫溪县	4030	35.72	200	95.51	72.16	1786.00	4006.65	0.55
巫山县	2957	37.71	200	214.09	91.03	1885.50	2833.94	0.33
奉节县	4099	62.53	200	226.67	132.92	3126.50	4005.25	0.22
云阳县	3649	73.82	200	233.90	159.09	3691.00	3574.19	−0.03
开县	3959	80.34	300	292.57	217.96	2678.00	3884.39	0.31
万州区	3457	77.31	300	408.62	195.70	2577.00	3244.08	0.21
忠县	2176	54.30	660	203.89	118.64	822.73	2090.75	0.61
丰都县	2904	46.70	300	138.52	75.86	1556.67	2841.41	0.45
石柱县	3009	33.69	200	91.79	62.21	1684.50	2979.99	0.43
武隆县	2901	24.63	200	84.43	37.99	1231.50	2854.86	0.57
长寿区	1423	39.86	660	251.55	91.43	603.94	1263.50	0.52
涪陵区	2941	48.49	660	192.96	82.68	734.70	2831.18	0.74
渝中区	18	0.00	660	14.33	0.00	0.00	4.21	0.00
九龙坡区	432	0.00	660	168.65	33.32	0.00	296.67	0.00
沙坪坝区	396	0.00	660	156.06	25.70	0.00	265.84	0.00
江北区	220	0.00	660	111.29	13.18	0.00	122.66	0.00

（续表）

区县	面积/km²	2008年农村人口/万人	人口密度标准/(人/km²)	总建设用地/km²	农村居民用地/km²	农村土地需求量/km²	农村土地拥有量/km²	农村土地空间环境容量潜力
南岸区	260	0.00	660	128.71	18.50	0.00	150.55	0.00
巴南区	1825	28.78	660	235.24	98.87	436.06	1688.63	0.74
大渡口区	102	0.00	660	65.15	6.34	0.00	44.02	0.00
江津区	3219	60.77	660	366.00	214.80	920.76	3067.80	0.70
北碚区	755	21.59	660	143.45	45.07	327.12	656.62	0.50
渝北区	1452	33.67	660	331.64	97.54	510.15	1217.93	0.58

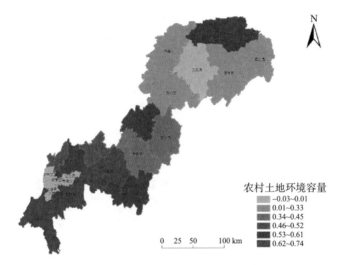

图 5-17　农村土地环境容量空间分布图

　　基于土地空间量的三峡库区(重庆段)土地环境容量总体表现为潜力大，但需要科学有效制定城市规划，进一步完善土地制度。

　　汇总上述数据得出三峡库区(重庆段)各区县土地空间环境容量，结果见表 5-17，运用 ArcGIS 的方法绘制了土地环境容量的空间分布图，结果见图 5-18。总的看来，基于空间量的三峡库区(重庆段)土地环境容量总体表现为潜力大，但需科学、有效制定地城市规划，有效完善土地管理制度。规划是解决好土地资源优化配置问题的"龙头"，三峡库区(重庆段)需要根据城市化进程中自身的特点，完善和建立包括土地利用规划、区域规划、城市规划、城乡统筹规划和环境规划的综合规划体系。除此之外，还可以考虑增加容积率、开展共同协作的方式以减少辅助设施的占地等方法来节约用地。

表 5-17 三峡库区(重庆段)各区县土地空间环境容量

区县	面积/km²	农村面积/km²	规划建设用地/km²	土地生产容量	城镇土地空间环境容量潜力	农村土地空间环境容量潜力	土地空间环境容量
巫溪县	4030	3934.49	95.51	0.094	0.10	0.55	0.10
巫山县	2957	2742.91	214.09	0.095	0.09	0.33	0.09
奉节县	4099	3872.33	226.67	0.188	0.11	0.22	0.11
云阳县	3649	3415.10	233.90	0.058	0.10	−0.03	−0.03
开县	3959	3666.43	292.57	0.161	0.08	0.31	0.08
万州区	3457	3048.38	408.62	−0.042	0.15	0.21	0.15
忠县	2176	1972.11	203.89	0.253	0.12	0.61	0.12
丰都县	2904	2765.55	138.52	0.188	0.14	0.45	0.14
石柱县	3009	2917.78	91.79 .	0.324	0.13	0.43	0.13
武隆县	2901	2816.87	84.43	0.145	0.29	0.57	0.29
长寿区	1423	1172.07	251.55	0.143	0.14	0.52	0.14
涪陵区	2941	2748.50	192.96	0.011	0.24	0.74	0.24
渝中区	18	4.21	14.33	−1.000	−1.00	0.00	−1.00
九龙坡区	432	263.35	168.65	−0.241	0.21	0.00	0.21
沙坪坝区	396	240.14	156.06	−0.220	0.22	0.00	0.22
江北区	220	109.48	111.29	−0.481	0.36	0.00	0.36
南岸区	260	132.05	128.71	−0.473	0.35	0.00	0.35
巴南区	1825	1589.76	235.24	0.047	0.25	0.74	0.25
大渡口区	102	37.68	65.15	−0.839	0.48	0.00	0.48
江津区	3219	2853.00	366.00	0.211	0.19	0.70	0.19
北碚区	755	611.55	143.45	−0.096	0.29	0.50	0.29
渝北区	1452	1120.39	331.64	−0.055	0.26	0.58	0.26

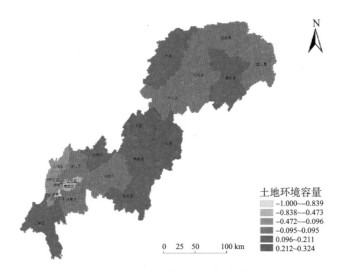

图 5-18 土地环境容量空间分布图

5.4.3 土地环境容量的空间配置

城市化进程中土地资源优化配置的基本思路是针对三峡库区(重庆段)城市化进程中土地利用存在的诸多问题,三峡库区在土地资源的配置过程中应该在全面、协调、可持续的科学发展观指导下,遵循整体效益原则、区位协调分工原则、适度规模原则和建设绿色空间,人与自然和谐发展原则。

1. 土地环境的配置方法

(1)耕地配置方法

以粮食安全、经济发展和生态保护为目标,配置三峡库区各个区县的耕地需求量。具体方法:①根据1997~2007年的三峡库区(重庆段)各区县人口数量、耕地面积、粮食产量、粮食播种面积、农作物的总播种面积、粮食单产等数据,采用最小人均耕地面积及耕地压力指数模型和自回归模型分析出耕地面积、粮食产量、人口数量三者之间的关系,计算不同时期的最小人均耕地面积和耕地压力指数,以其为基础使用自回归模型。②假设2020年在耕地压力指数为1的情况下,分别参照我国的生活质量评价标准,以人均占有450kg/人为小康水平,400kg/人为标准水平计算2020年最小人均耕地面积。③根据1990~2007年三峡库区(重庆段)各区县人口数据,建立预测模型,预测2020年的各区县人口数量。④通过2020年的预测人口数量和人均最小耕地面积,分别计算2020年小康水平的耕地面积和标准水平的耕地面积从而实现耕地配置,耕地配置流程见图5-19。

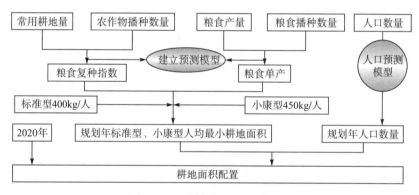

图 5-19　规划年耕地配置流程图

最小人均耕地面积是指在一定区域范围内,一定食物在自给水平和耕地综合生产能力条件下,为满足每个人正常生活的食物消费所需的耕地面积,公式为:

$$S_{\min} = \beta \frac{G_r}{p \times q \times k} \tag{5-26}$$

式中，$S_{\min}$ 最小人均耕地面积；β 为粮食自给率(%)(预设自给率为 100%)；G_r 为人均粮食需求量(kg)；p 为粮食单产(kg/hm²)；q 为粮食播种面积占农业总播种面积的百分比；k 为复种指数，采用一年中各个季节的实际总播种面积除以耕地面积求得。

耕地压力指数，即最小人均耕地面积与实际人均耕地面积之比，公式为：

$$K = S_{\min}/S_a \tag{5-27}$$

式中，K 为耕地压力指数；S_a 为实际人均耕地面积(hm²/人)。

自回归模型是指，当一个要素(变量)按时间顺序排列的观测值之间具有依赖关系或自相关性时，建立该要素(变量)的自回归模型，并由此对其发展变化趋势进行预测。

人口预测模型是利用 Logistic 生物模型预测三峡库区地区未来的人口发展趋势的模型。

(2)林地配置方法

依据三峡库区的实际发展目标，未来十年把三峡库区建设成为人居环境优美、生态系统稳定的地区，进行规划期林地配置。

(3)建设用地配置方法

借助开发强度实现三峡库区(重庆段)建设用地的配置，设置方法和结果参照国土局关于重庆市土地空间开发强度研究成果。

开发强度是指所有的人工建设区域占该区域所有土地的比例。计算公式为开发强度＝[建设用地面积]／[国土面积]。建设用地面积分为两种口径，一种为建设用地面积＝[城镇用地面积]＋[农村居民点面积]＋[独立工矿用地面积]＋[交通用地面积]＋[水利设施用地面积]；另一种为建设用地面积＝[城镇用地面积]＋[独立工矿用地面积]。在分类中，把前一种称为大口径开发强度，后一种成为小口径开发强度。

开发强度的指标设定要考虑几下指标因素：

Ⅰ. 主体功能区定位因素(重点开发区＞限制开发区，限制开发区少给指标，粗体维持现有强度)，见表 5-18。

表 5-18　主体功能定位要素

可增加(重点区域)	可微量增加	不变或减少
渝北区、涪陵区、长寿区、巴南区、沙坪坝区、江北区、南岸区、渝中区、九龙坡区、大渡口区、北碚区、万州区、江津区、忠县、开县	石柱县、武隆县、云阳县、丰都县、	巫溪县、巫山县、奉节县

Ⅱ. 现有开发强度因素(现有强度越高设计值越高，粗体维持现有强度)，见表 5-19。

表 5-19　现有开发强度要素

数值区间/%	土地分配	区县
15.5~100	可增加	渝中、大渡口、南岸、沙坪坝、九龙坡、江北、渝北
11.3~11.5	可增加	长寿、北碚
6.7~11.3	可增加	万州、江津、巴南、忠县、开县
4.0~6.7	可微量增加	巫山、云阳、奉节、涪陵、丰都
<4.0	可不增加	石柱、巫溪、武隆

Ⅲ. 可利用土地资源评价因素(越丰富指标设计值越高，粗体维持现有强度)，见表 5-20。

表 5-20　人均可利用土地资源评估结果

等级	土地分配	区县
极丰富	可大量增加	涪陵区、江津区、丰都县、忠县、长寿区
丰富	可大量增加	渝北区、巴南区、开县
较丰富	可适量增加	北碚区、万州区、石柱县、云阳县、武隆县、巫山县
较缺乏	限量增加	奉节县、巫溪县、沙坪坝区、南岸区、九龙坡区
缺乏	限量增加	渝中区、江北区、大渡口区

根据开发强度指标设计的考虑要素进行综合考虑，开发强度分配的公式为：

$$区县开发强度 = f(R Ⅰ，R Ⅱ，R Ⅲ，R Ⅳ，R Ⅴ) \tag{5-28}$$

式中，$R Ⅰ$ 为主体功能定位因素；$R Ⅱ$ 为现有开发强度因素；$R Ⅲ$ 为城镇体系布局因素；$R Ⅳ$ 为一圈两翼区位因素；$R Ⅴ$ 为可利用土地资源量因素。

具体的定量分配一次模型如下：

$$L_{ADD} = (\lambda \cdot A) \cdot \left[\sum_{i=1}^{5} v_i/(M-N) \right] \tag{5-29}$$

式中，L_{ADD} 为建设用地增量；λ 为建设用地分配系数；A 为 2020 年建设用地总增量；v_i 为第 i 个影响要素得分值；M 为三峡库区(重庆段)区县总个数；N 为现有土地开发饱和区域。

$$2020 开发强度 = (L_{ADD} + L_{07})/S \tag{5-30}$$

式中，S 为区域总面积；L_{ADD} 为建设用地增量。

据公式(5-28)计算各区县土地增量，用公式(5-29)进行有效性校验：

$$X = l_S - L_{ADD} \tag{5-31}$$

式中，l_S 为可利用土地资源总量；L_{ADD} 为 2020 年建设用地增量。

2. 土地环境的配置结果

根据以上各土地利用类型的配制方法及公式计算出个土地利用类型的最佳配置，得到三峡库区(重庆段)土地资源区域配置结果见表 5-21。

表 5-21　三峡库区(重庆段)土地资源区域配置表

区县	面积	耕地		林地		建设用地	
		标准型	小康型	2015 年	2020 年	最小口径	最大口径
巫溪县	4024.02	9%	11%	64%	72%	0.18%	2.37%
巫山县	2965.78	12%	14%	61%	68%	0.46%	7.24%
奉节县	4096.13	14%	17%	55%	62%	0.51%	5.53%
云阳县	3638.63	15%	18%	37%	42%	0.62%	6.41%
开县	3964.32	20%	23%	38%	43%	0.69%	7.39%
万州区	3454.23	24%	27%	30%	34%	2.69%	11.82%
忠县	2188.06	35%	39%	23%	26%	0.88%	9.37%
石柱县	3011.04	14%	17%	60%	68%	0.29%	3.05%
武隆县	2868.53	21%	24%	62%	70%	0.42%	2.91%
长寿区	1420.72	37%	41%	18%	20%	4.67%	17.67%
涪陵区	2965.15	38%	41%	35%	39%	1.99%	6.56%
渝中区	23.55	0%	0%	0%	0%	77.27%	77.27%
九龙坡区	429.95	31%	33%	12%	14%	26.21%	39.04%
沙坪坝区	392.47	30%	33%	19%	21%	29.16%	39.39%
江北区	233.76	21%	23%	14%	16%	38.64%	50.41%
南岸区	263.76	16%	19%	17%	19%	35.40%	49.36%
巴南区	1831.70	36%	41%	30%	33%	4.84%	12.89%
大渡口区	104.84	19%	21%	17%	19%	51.49%	63.36%
江津市	3201.20	31%	33%	28%	32%	2.54%	11.37%
北碚区	758.56	32%	35%	28%	31%	9.73%	19.00%
渝北区	1439.45	31%	33%	24%	27%	12.33%	22.84%
丰都县	2909.23	25%	28%	45%	50%	0.70%	4.77%

注：数据来源《重庆市 2007 年统计年鉴》

根据上述土地环境容量计算及区域配置说明三峡库区(重庆段)应促进土地的集约利用，统筹区域土地利用，对城乡进行一体化配置，保障土地使用安全等以便达到对土地的最优化利用。

5.5　生态容量与区域调控

5.5.1　流程与方法

生态容量这一概念与承载力的概念紧密相连，在文献资料中生态容量往往指资源承载力、环境承载力、生态承载力当中的一个。而生态容量通常是通过生态足迹法、生态承载力法以及对外生态依存度三方面来进行研究的。

1. 生态足迹的计算方法

生态足迹主要用来计算在一定的人口和经济规模条件下维持资源消费和废弃物吸收所必需的生物生产土地面积(这里的生物生产土地包括耕地、林地、牧草地、化石燃料用地、建设用地和水域六大类)。生态足迹计算公式如下：

$$EF = N \times ef = n \times \sum r_j \times (C_i/Y_i) = N \times \sum r_j \times (P_i + I_i - E_i)/(Y_i \times N)$$

$$(5-32)$$

式中，EF 是指区域总的生态足迹；ef 为人均生态足迹；N 为区域人口总量；i 为消费资源的类型；C_i 是指第 i 种资源的人均消费量；Y_i 是生产第 i 种资源的世界年平均产量(kg/hm^2)；P_i 为第 i 种资源的年生产总量；I_i 为第 i 种资源的年进口总量；E_i 为地 i 种资源的年出口量；r_j 为均衡因子，用以对资源生产性土地生产力和全球生态系统平均生产力进行换算。

2. 生态承载力的计算模型

生态承载力是和生态足迹相对应的一个概念，是指区域生态系统提供给人类生存和发展所需要的资源生产性土地面积的总和。计算公式如下(张志强 等，2001)：

$$EC = N \times ec = N \times \sum (a_j y_j r_j) \quad (j = 1, 2, 3, \cdots, 6)　　(5-33)$$

式中，EC 是指区域总的生态承载力；ec 为人均生态承载力；N 为区域人口总量；a_j 为区域人均资源生产性土地的面积；r_j 为均衡因子；y_j 为产量因子，指区域某类资源生产性土地的平均生产力与世界同类土地的平均生产力的比值。

3. 对外生态依存度的计算方法

对外生态依存度，即生态赤字与生态足迹的百分比。用来描述某区域对外界区域生态系统的压力和对外依赖程度的差异。计算公式如下：

$$ED = EF/EC　　(5-34)$$

式中，EF 为生态足迹；EC 为生态承载力。

5.5.2　生态容量计算

1. 生态足迹的计算分析

根据生态足迹模型的计算方法,参照《重庆统计年鉴(1998～2007)》,对三峡库区(重庆段)1997～2006 年以来的生态足迹进行计算,结果见表 5-22。每一年的生态足迹均由生物资源账户和能源消费账户两大部分组成。生物资源账户包括谷物、蔬菜瓜果、蜂蜜、禽蛋等 21 项;能源消费账户包括原煤、汽油、电力等 7 项。因为缺乏这十年期间研究区生态足迹计算所需各账户的进出口贸易统计数据,所以在计算过程中忽略了贸易调整量。另外,生物资源账户、能源消费账户中各项产品的世界年平均产量和能量折算系数来自于相关文献。

表 5-22　1997～2006 年三峡库区(重庆段)人均生态足迹演变　　（单位/hm²）

时间	耕地	林地	牧草地	化石燃料用地	建设用地	水域	总生态足迹
1997 年	0.38956	0.00824	0.44328	0.23947	0.00317	0.03587	1.11959
1998 年	0.37198	0.00963	0.45173	0.22502	0.00398	0.04030	1.10260
1999 年	0.37134	0.00911	0.46035	0.27069	0.00429	0.04294	1.15872
2000 年	0.37270	0.01025	0.47631	0.27440	0.00368	0.04470	1.18204
2001 年	0.34130	0.01191	0.49492	0.28714	0.00537	0.04385	1.18449
2002 年	0.35745	0.01352	0.51519	0.28777	0.00472	0.04686	1.22551
2003 年	0.36088	0.01478	0.54220	0.33723	0.00576	0.04955	1.31039
2004 年	0.37678	0.01574	0.58124	0.37720	0.00580	0.05248	1.40923
2005 年	0.38392	0.01743	0.62456	0.41392	0.00646	0.05453	1.50081
2006 年	0.31521	0.01630	0.61554	0.44223	0.00703	0.04875	1.44506

2. 生态承载力的计算分析

利用重庆 1997～2006 年的资源生产性土地面积(包含耕地、林地、牧草地、建设用地和水域共五类)分别乘以相应的产量因子和均衡因子,计算出三峡库区(重庆段)的生态承载力结果见表 5-23。值得一提的是,计算结果还应去除 12% 的生物多样性保护面积。

表 5-23　1997～2006 年三峡库区(重庆段)人均生态承载力演变/hm²

时间	耕地	林地	牧草地	建设用地	水域	生物多样性保护	总生态承载力
1997 年	0.42241	0.09490	0.00074	0.07783	0.00176	0.07172	0.52592
1998 年	0.41042	0.09578	0.00074	0.07740	0.00175	0.07032	0.51575

（续表）

时间	耕地	林地	牧草地	建设用地	水域	生物多样性保护	总生态承载力
1999 年	0.39932	0.09679	0.00073	0.07837	0.00174	0.06923	0.50771
2000 年	0.38774	0.09631	0.00073	0.08126	0.00173	0.06813	0.49964
2001 年	0.37797	0.09622	0.00073	0.07952	0.00173	0.06674	0.48942
2002 年	0.36807	0.09754	0.00073	0.07755	0.00172	0.06547	0.48013
2003 年	0.34860	0.10202	0.00072	0.08019	0.00171	0.06399	0.46926
2004 年	0.33814	0.10351	0.00072	0.08262	0.00170	0.06320	0.46349
2005 年	0.33186	0.10338	0.00071	0.08347	0.00169	0.06253	0.45857
2006 年	0.33577	0.10300	0.00071	0.08391	0.00167	0.06181	0.45325

3. 对外依存度的计算分析

将这十年以来生态足迹和生态承载力的计算结果相减，发现 1997～2006 年每年区域的人均生态足迹均大于生态承载力，出现生态赤字。根据式(5-34)计算出三峡库区(重庆段)各区县的对外依存度，结合 ArcGIS 技术绘制了各区县的对外生态依存度的空间分布图，结果见图 5-20。

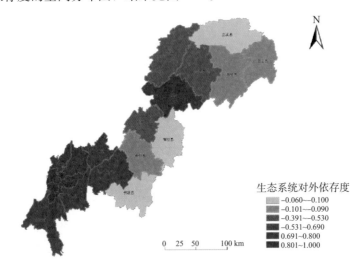

图 5-20　生态系统对外依存度

4. 生态容量的分析

通过上述的计算，可以得出生态足迹、生态承载力和生态赤字的在这十年间的变化，结果见表 5-24。三者的演变趋势也很明显，见图 5-21。

表 5-24　1997~2006 年三峡库区(重庆段)人均生态承载力、生态足迹、生态赤字和人均 GDP

时间	生态承载力/hm²	生态足迹/hm²	生态赤字/hm²	人均 GDP/万元	万元 GDP 的生态足迹/hm²/万元
1997 年	0.52592	1.11959	0.59367	0.4733	2.36550
1998 年	0.51575	1.10260	0.58685	0.5016	2.19817
1999 年	0.50771	1.15872	0.65101	0.5207	2.22531
2000 年	0.49964	1.18204	0.6824	0.5616	2.10477
2001 年	0.48942	1.18449	0.69507	0.6219	1.90463
2002 年	0.48013	1.22551	0.74538	0.7052	1.73782
2003 年	0.46926	1.31039	0.84113	0.8091	1.61956
2004 年	0.46349	1.40923	0.94574	0.9624	1.46429
2005 年	0.45857	1.50081	1.04224	1.0982	1.36661
2006 年	0.45325	1.44506	0.99181	1.2457	1.16004

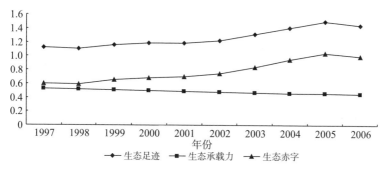

图 5-21　1997~2006 年三峡库区(重庆段)人均生态承载力、生态足迹
与生态赤字的变动趋势

由上可知,这十年以来三峡库区(重庆段)的人均生态承载力呈现出逐年下降的趋势,并且人均生态承载力所呈现的下降态势主要是由于可耕地面积的变动造成的。与此同时,这个地区的人均生态足迹出现了上升的态势,从 1997 年的 1.120 上升到 2006 年的 1.445,期间共增加 0.325,年平均增长率为 2.88%。

而人均生态足迹的不断上升主要源自牧草地和化石燃料用地生态足迹的增加。另外,生态赤字在这十年期间连续出现,而且呈现不断上升的趋势。

5.5.3　生态容量配置

1. 生态容量的配置方法

无论是从社会经济方面还是自然环境方面,各区县都存在明显的差异性,针对这种差异性对不同地区施行不同的生态容量配置方法。根据上述的计算公式可以得出三峡库区(重庆段)各区县的人均生态承载数据、人均生态足迹及人均生态赤字间的差异结果见图 5-22。

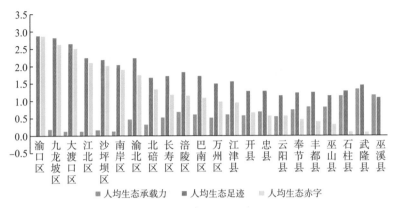

图 5-22　三峡库区(重庆段)各区县人均生态承载力、生态足迹、生态赤字图

在社会经济发展方面,三峡库区(重庆段)区域差异大。对于区域的社会经济发展,应采取新的区域发展格局。其一,吸引欠发达地区向发达地区有序转移就业,大幅减轻库区和山区的人口承载压力,使人均资源占有量和产出水平大幅提高。其二,对市域城镇建设用地进行整体平衡,调整优化用地结构,减轻库区和山区资源环境特别是生态环境的承载压力。

在自然环境方面,各区县区域差异明显,生态系统类型多样,各区面临的情况和问题不同,也就应该根据每个区域的自然特点和生态建设现状,确定各区生态环境建设的主要内容。

2. 生态容量的配置结果

把渝中区、大渡口区、江北区、沙坪坝区、九龙坡区、南岸区等列为生态宜居区。这些地区主要是水环境问题突出,生活污水、生活垃圾污染排放量大,大气污染严重,固体废物污染等环境问题严重的地区。要重点治理产业结构及布局型污染,严格控制生产、生活废水排放。对废弃矿区进行综合整治,恢复矿区的生态功能。严格"四山"的生态环境保护。大力发展循环经济和生态型产业。加强自然资源的保护。

把北碚区、渝北区和巴南区列为都市生态调控区。这些地区主要生态环境问题为水污染较严重,大量的人类活动和工程建设导致了一定程度的水土流失和大量的人为地质灾害,生态系统退化趋势较明显。因此,要重点建立都市区的生态屏障带和都市区的外围生态屏障,防止污染从都市圈向外扩散,保护都市区生活水源,并积极开展都市生物多样性保护工程等措施。

把涪陵区、长寿区、云阳县、开县、巫山、奉节县列为水土保持生态区。

这些地区主要的环境问题是植被退化明显，森林覆盖率低，水土流失严重，农业面临污染日益突出，次级河流污染严重。重点任务是加大陡坡耕地的退耕还林、还草和天然林保护力度，调整完善森林植被的结构，强化植被的水土保持和水源涵养功能，加强水体保护。合理开发利用保护区内的自然资源，不断提高保护区的自养能力。

把武隆县列为生物多样性生态功能区。主要生态环境问题是坡耕地比例大，水土流失严重，植被退化明显，生物多样性下降，土地石漠化严重，地质灾害频繁。重点是要建立植被结构优化的中低山森林生态系统，强化其水文调蓄和生物多样性保护功能是本区生态功能保护与建设的主导方向。

把江津区列为水文调蓄生态区；把万州，丰都和忠县列为农业生态区；把巫溪县列为生物多样性生态保育区。根据各区县所面临的实际情况加强综合治理。

总之，当前三峡库区(重庆段)对原本脆弱的生态环境和极其有限的资源造成不可逆转的破坏，生态赤字不断增加。所以，要采取正确的防护措施使各地区的生态容量得到正确的配置，以有利于各地区的经济发展和对自然资源的合理利用及保护。

5.6　生态总环境容量

在理论上，一个区域的环境承载底线并不取决于该区域在某一个方面的环境容量，它是多种环境要素共同作用的结果。在特定的技术经济条件下，区域的环境总容量是大致一定的。但随着社会经济的发展，区域的环境容量会发生深刻的变化。这种变化的机制主要取决于两个方面，一是区域的自然本地条件；二是区域的社会经济发展构成。即环境容量是一个变化的量，它即不单独取决于自然条件，有不单独取决于社会发展状况，它是自然和社会共同作用的结果。

5.6.1　计算方法

根据广义环境容量概念模型设计了不同于一般技术意义的环境容量指标，以此来代表区域环境容量的潜力特征。在评价出重要环境要素的环境容纳潜力的基础上，本节设计了两个代表区域总环境容量的指标，分别为最小要素总环境容量和平均要素总环境容量来代表区域环境容量的潜力特征。

最小要素总环境容量是取所有重要环境标志要素潜力的最小值作为区域的总环境容量，平均要素总环境容量是取所有重要环境指标要素潜力平均值代表其余的总环境容量，计算公式如下：

$$MINEC_i = MIN(A_i, W_i, L_i) \qquad (5\text{-}35)$$

$$AVEEC_i = AVERAGE(A_i, W_i, L_i) \qquad (5\text{-}36)$$

式中，MIN 表示取最小值；AVE 表示取平均值；$MINEC_i$ 为第 i 区域的最小要素总环境容量；$AVEEC_i$ 为第 i 区域的平均要素总环境容量；其中 $A_i = MIN$ (EC_{SO_2-i}，EC_{PM10-i})；$W_i = MIN$ (EC_{COD-i}，EC_{NH_3-i})；$L_i = MIN$ ($SC_{城镇-i}$，$EC_{农村-i}$)；A_i 为第 i 区域的大气环境总容量；W_i 为第 i 区域的水环境总容量；L_i 为第 i 区域的土地空间总容量；EC_{SO_2-i} 为第 i 区域的 SO_2 容量；EC_{PM10-i} 为第 i 区域的 PM_{10} 容量；EC_{COD-i} 为第 i 区域的 COD 容量；EC_{NH_3-i} 为第 i 区域的氨氮容量；$SC_{城镇-i}$ 为第 i 区域的城镇空间容量；$EC_{农村-i}$ 为第 i 区域的农村空间容量。

需要特别强调的是根据式(5-35)和(5-36)计算出的区域环境容量不是一个绝对量，其值是一个介于 [−1，1] 的实数，该数表达的含义是某区域的环境容纳潜力的比例。当其值为正数时则该区域的环境容量的潜力为正，当其值为负数时，表示其环境容量的潜力为负即处于超载水平。

5.6.2 计算结果与分析

根据前述计算方法和要素环境容量的计算结果见表 5-25 和表 5-26，运用 ArcGIS 技术绘制了各环境容量的空间分布图，如图 5-23。现从环境容量的制约要素、环境容量的空间格局特征和环境容量基本数量特征等几个方面予以总结。

在环境容量制约要素层面，三峡库区(重庆段)各区域环境容量的最大制约要素是水环境要素，主要表现为氨氮的承载水平过高；次大制约要素为大气环境要素；其他环境要素的总体制约水平不显著，部分环境要素的潜力巨大，尤其是水资源。

表 5-25　三峡库区(重庆段)大气环境容量和水环境容量评估结果表

区县	SO_2容量	PM_{10}容量	大气环境容量	水资源容量	氨氮容量	COD 容量	水环境容量
巫溪县	0.46	0.57	0.46	0.970	−0.005	−0.023	−0.023
巫山县	0.67	0.88	0.67	0.995	0.820	0.900	0.820
奉节县	0.27	0.85	0.27	0.991	0.760	0.950	0.760
云阳县	0.66	0.77	0.66	0.988	0.800	0.930	0.800
开县	0.06	0.51	0.06	0.744	0.250	0.330	0.250
万州区	0.19	0.49	0.19	0.969	−0.205	0.450	−0.205
忠县	0.55	0.50	0.50	0.988	0.670	0.930	0.670
丰都县	0.64	0.83	0.64	0.987	0.690	0.830	0.690
石柱县	0.28	0.23	0.23	0.918	−0.150	−0.245	−0.245

(续表)

区县	SO$_2$容量	PM$_{10}$容量	大气环境容量	水资源容量	氨氮容量	COD容量	水环境容量
武隆县	0.65	0.41	0.41	0.969	0.950	0.960	0.950
长寿区	-0.53	0.09	-0.53	0.963	0.660	0.600	0.600
涪陵区	-1.05	-1.82	-1.82	0.960	0.440	0.750	0.440
渝中区	0.98	0.97	0.97	0.986	0.161	0.210	0.161
九龙坡区	-2.24	-2.05	-2.24	0.867	0.161	0.210	0.161
沙坪坝区	0.58	0.79	0.58	0.861	0.161	0.210	0.161
江北区	0.47	0.76	0.47	0.977	0.161	0.210	0.161
南岸区	0.26	0.46	0.26	0.975	0.161	0.210	0.161
巴南区	0.59	0.75	0.59	0.973	0.161	0.210	0.161
大渡口区	-1.87	-1.32	-1.87	0.968	0.161	0.210	0.161
江津区	-3.74	0.69	-3.74	0.790	-0.056	0.502	-0.056
北碚区	0.40	-0.56	-0.56	0.914	0.161	0.210	0.161
渝北区	0.63	0.83	0.63	0.973	0.161	0.210	0.161

从大气环境容量看，三峡库区(重庆段)大部分地区的大气环境容量潜力堪忧。相对来讲，渝中区、大渡口区、江北区、沙坪坝区、南岸区等大部分地区的大气环境容量较低。在制约大气环境容量的两大要素当中，SO$_2$表现出了绝对的控制力。在宏观层面，PM$_{10}$对大气环境容量基本上不构成显著限制。综合来看，大气污染物排放对三峡库区(重庆段)环境容量构成了显著制约。

从水环境容量看，除了武隆县和石柱县，三峡库区(重庆段)其他大区域的水环境状况均处于超载状态。从成因角度看，造成较多区域处于超载的因素是氨氮排放，这与农村面源污染有很大的关系。COD要素环境容量从总体上看较为乐观，潜力最大的区域是武隆县和石柱县。从表中可以得出氨氮排放的水平已经达到或超出了区域的环境容纳能力，亟需出台相关措施和办法进行水环境修复。

从开放生态系统的角度看，三峡库区(重庆段)整体上均具有较强的对外依赖性。武隆县和石柱县的对外依赖度最小。整体来看，生态系统的对外依存度与区域的社会经济发展水平呈显著的正相关性，经济发展得越好的区域一般情况下其生态系统的对外依存度就越高。

表 5-26　三峡库区土地环境容量、MIN 环境容量和 AVE 环境总容量评估结果表

区县	生态系对外依存度	土地生产容量	城镇空间容量	农村空间容量	土地环境容量	MIN 环境总容量	AVE 环境总容量
巫溪县	-0.06	0.094	0.10	0.55	0.10	-0.023	0.179
巫山县	0.28	0.095	0.09	0.33	0.09	0.090	0.527

（续表）

区县	生态系对 外依存度	土地生产 容量	城镇空间 容量	农村空间 容量	土地环境 容量	MIN环境 总容量	AVE环境 总容量
奉节县	0.39	0.188	0.11	0.22	0.11	0.110	0.380
云阳县	0.51	0.058	0.10	−0.03	−0.03	−0.030	0.477
开县	0.53	0.161	0.08	0.31	0.08	0.060	0.130
万州区	0.65	−0.042	0.15	0.21	0.15	−0.205	0.045
忠县	0.45	0.253	0.12	0.61	0.12	0.120	0.430
丰都县	0.33	0.188	0.14	0.45	0.14	0.140	0.490
武隆县	0.07	0.145	0.29	0.57	0.29	0.290	0.550
长寿区	0.69	0.143	0.14	0.52	0.14	−0.530	0.070
涪陵区	0.63	0.011	0.24	0.74	0.24	−1.820	−0.380
渝中区	1.00	−1.000	−1.00	0.00	0.00	0.000	0.377
九龙坡区	0.93	−0.241	0.21	0.00	0.21	−2.240	−0.623
沙坪坝区	0.92	−0.220	0.22	0.00	0.22	0.161	0.320
江北区	0.94	−0.481	0.36	0.00	0.36	0.161	0.330
南岸区	0.93	−0.473	0.35	0.00	0.35	0.161	0.257
巴南区	0.64	0.047	0.25	0.74	0.25	0.161	0.334
大渡口区	0.95	−0.839	0.48	0.00	0.48	−1.870	−0.410
江津区	0.60	0.211	0.19	0.70	0.19	−3.740	−1.202
永川区	0.71	0.203	0.14	0.55	0.14	−0.896	−0.259
北碚区	0.80	−0.096	0.29	0.50	0.29	−0.560	−0.036
渝北区	0.78	−0.055	0.26	0.58	0.26	0.161	0.350

在土地环境容量层面，由于采取了土地空间容量指标，所以绝大部分区域的土地环境容量均为正值。土地空间容量的另一个决定性因素（即农村空间容量）对土地综合空间容量不构成显著性制约。

在综合环境容量层面，由于对综合环境容量定义了两种计算方法，所以得出了两种不同的计算结果，虽然结果不一致，但其总体趋势是大体一致的。从最小环境总容量看，只有武隆县和石柱县的值大于零，其余区域均为负值。最小环境容量的值在总体上来看是由水环境容量决定的，也即水环境容量是大部分区域出现负值的主要原因。从平均环境容量来看，只有渝中区、江北区等区域出现了负值，其余区域均大于零。最高的区域是武隆县和石柱县；其次为万州区、丰都县等区域。

在环境容量空间格局层面，总体趋势是武隆县和石柱县环境容量较高，江津、涪陵和长寿等区域环境容量较低。在环境数量特征方面，大部分地区大气环境容量为正值，除巫溪县其余21个区县均对外产生一定程度的依赖性，大部分的区县最小总环境容量为负值。三峡库区（重庆段）总体环境质量状况不容乐观。

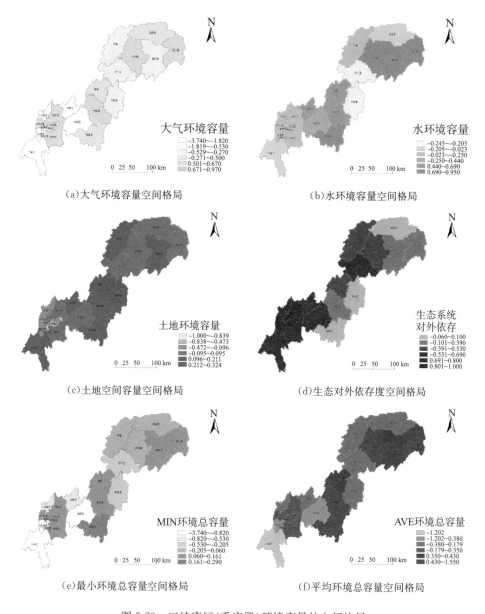

图 5-23　三峡库区（重庆段）环境容量的空间格局

5.6.3　调控策略

根据特定的环境容量要素分配计算方法，本章对主要的环境容量限定要素进行了分配，同时提出了区域生态系统的调控指标。其总体目标是到 2015 年，在保持国民经济平稳较快增长的同时，大部分地区的环境质量得到改善，重点是使水环境质量得以改善，尤其需要遏制三峡库区环境恶化的趋势。以着力改善水、大气、土地和生态系统健康水平，针对突出矛盾和主要问题，以生态文明观为指导，着力从四个方面进行突破：农村面源污染防治、工业排放监测与控制、城市污染整治、次级河流水污染综合治理。

在执行层面，需要在组织保证、资金保证以及制度保障层面进行综合统筹，具体包括：①组织跨机构的环境监督保护和执行委员会，下设水环境、大气环境、土地监管以及生态系统监测小组。各区县(自治县、市)设立对应的委员会，实现所辖区域的水环境质量监测和落实目标。②市级和区县级财政需要在环境保护投入的基础上继续增加投入，重点是对农业面源污染、工业污染进行综合治理。③在执行机制层面，重点是建立工作目标责任制；建立工作调度会制度；建立督查督办制度；建立公众参与和舆论监督制度；建立信息通报制度以及建立科学决策咨询制度。

5.7　本章小结

本章在对生态环境容量模型与技术方法进行分析阐述的基础上，针对本区域的大气环境容量、水环境容量、土地环境容量、生态容量等进行了计算与分析，并且在计算容量基础上探讨了区域个生态环境要素容量的区域配置问题，最后对区域生态环境总容量进行了综合分析，提出了区域生态环境容量调控的策略。

第6章 结论与展望

本书在生态环境研究理论和方法的指导下，借助遥感与 GIS 技术，以三峡库区(重庆段)为研究区，对该区的生态环境问题从现状评价、敏感性评价、生态服务功能重要性评价、生态服务价值遥感估算、生态环境容量计算域区域配置等方面进行了全面深入的分析与研究。研究的基本目标在于认识和理解三峡库区(重庆段)这一典型的生态环境敏感和脆弱区生态环境的表象、特征、内在规律与合理配置等问题的综合研究，进而丰富和推动区域生态环境的综合研究。通过系统研究，本书获得了以下一些主要研究结论。

6.1 主要结论

6.1.1 全面评价了三峡库区(重庆段)生态环境现状

1. 土壤侵蚀现状

土壤侵蚀面积大，主要以强度以下侵蚀为主。三峡库区(重庆段)土壤侵蚀面积约 23870.16km²，占全区面积 51.71%；微度侵蚀比例最大，为 48.29%。土壤侵蚀表现出明显的区域差异。东北部地区是研究区土壤侵蚀面积广，高强度土壤侵蚀面积分布最集中的地区，其次为中部地区，都市区总体土壤侵蚀面积分布少，而且强度也低，土壤侵蚀与土壤特性有着密切关系。土壤侵蚀主要分布在紫色土、黄壤、石灰(岩)土、水稻土和黄棕壤分布区。土壤侵蚀表现出明显的垂直分异特征，土壤侵蚀主要集中于高程 200~1500m 的低山、丘陵地区，面积比超过 90%。土壤侵蚀发展态势呈现好转趋势。

2. 石漠化现状

石漠化发生率高，主要以中度以下石漠化为主。石漠化的发生率(石漠化面积/碳酸盐岩面积)为 45.32%，与重庆市和西南地区其他省份比较，三峡库区(重庆段)石漠化发生率为最高。中度以下石漠化面积比超过了 90%。石漠化分布空间差异明显。整体上表现出弧状-条带性分布特征。石漠化集中分布于长江干流斜坡地带及长江主要一级支流乌江沿岸地形强烈切割部位。石漠化范围和程度与区域地貌、地质环境有着密切关系。灰岩与白云岩互层中的石漠化面积最多；其次是碳酸盐岩夹碎屑岩；峰丛洼地的石漠化发生率最高；其次是岩溶丘陵；岩溶槽谷中的石漠化面积最多，其次为峰丛洼地；碳酸盐岩夹碎屑岩和纯白云岩中的石漠化发生率较高。

3. 水资源现状

水资源时空分布不均衡；用水量逐年增加，工业用水增加较快；过境水在用水中的比例有逐步增加的趋势；人均地表水量低，空间分布不均；过境水资源丰富，三江干流沿线城市水资源优势明显。

4. 水环境现状

"三江"干流水质呈现好转。长江、嘉陵江水质变化基本呈现先恶化后好转的趋势。目前长江、嘉陵江水质基本稳定在 II 类水质。乌江水质在研究期内的 1996~2004 年基本维持在 II 类水质，2005~2006 年水质上升到 I 类水质。次级河流水环境总体污染较严重。次级河流 1996~2000 年监测项目 19 项，出现超标的项目有 12~15 项，2001~2006 年监测项目增加至 42 项，出现超标的项目平均有 18 项。

5. 植被与森林现状

三峡库区(重庆段)植被覆盖状况空间差异大，植被覆盖好的地区绝大部分集中于海拔 400m 以上的中、低山地；传统农业发达的丘陵地区植被覆盖状况较差，主要为人工栽培植被。植被覆盖空间聚集的极化效应突出，原始植被破坏严重，人工植被增长较快。三峡库区(重庆段)林地中灌木林地和疏林地所占比例较大，林地构成质量有待提高。从空间分布看，研究区的林地资源空间集聚特征明显，在各区内部也有较大差异。

6. 生物多样性现状

生态系统多样，结构复杂。可分为山地森林生态系统、草地生态系统、水域生态系统、农业复合生态系统、村镇生态系统、城市生态系统 6 个一级类型，20 余个二级类型。物种丰富，珍稀、濒危和特有动植物众多。动植物类群在科、属、种水平及其地理分布上的特有性强；具有重要性、典型性、代表性、乡土性和具有较大潜在经济价值的野生生物物种的显示度高。生物多样性具有特殊性、典型性，极具价值。优越的地理位置和复杂的自然条件，造就了丰富多样的生态系统类型和极高的物种多样性，因此珍稀、濒危和特有动植物种类极其丰富。野生动植物丰富区减少，生物多样性受到威胁。三峡库区(重庆段)生物多样性丰富，但生物多样性受人类活动影响较大。

7. 大气环境现状

主要污染物二氧化硫、二氧化氮、可吸入颗粒物年均值均达到国家二级标准，空气质量较大改善。大气污染类型由燃煤型污染向混合型污染过渡。年郊区县区空气质量逐步提高。年主城区空气质量有所好转。

8. 酸雨环境现状

酸雨污染总趋势逐步减轻。酸雨频率从 1990 年的 75.9％下降到 2006 年的 52.1％。酸雨污染的地区有从主城区向郊县扩散的趋势。

9. 自然灾害现状

地质灾害突发性强、破坏严重。地质灾害具有同发性、滞后性和不稳定周期性地质灾害表现为条带性、山地性、人为性。洪涝灾害较频繁，具明显的空间差异性。暴雨发生时间集中，洪涝灾害出现频率高。伏旱灾害发生频率高，强度随海拔高度的升高而降低。伏旱灾害空间分布存在明显差异性。

6.1.2 分析了三峡库区(重庆段)生态环境敏感性的空间分异规律

对研究区的土壤侵蚀敏感性、石漠化敏感性、生境敏感性、酸雨敏感性几个单因子敏感性评价的基础上，对研究区生态环境的综合敏感性的空间分异特征进行的分析与评价。

土壤侵蚀以高度敏感、中度敏感和极敏感为主；东北部是土壤侵蚀最为敏感的区域；土壤侵蚀现状与土壤侵蚀敏感性具有很好的对应关系。石漠化总体以不敏感为主，其次是高度敏感和中度敏感；高度以上敏感区主要分布东北部地区，中度以上石漠化与石漠化高度和极敏感区具有很好的对应关系。生境敏感性类型以不敏感为主，其次为高度敏感地区；东北部和南部生境敏感性高，而中西部地区生境敏感性低。酸雨高度敏感面积和比例最大，其次是中度敏感和轻度敏感区；极敏感区块状零星散布、高度敏感区和中度敏感区集中片状分布、轻度敏感和不敏感区沿江河带状分布，部分呈团块状散布。生态环境综合敏感性以高度敏感为主，其次为中度敏感区和不敏感区；东北部和南部生态环境敏感性高，中西部地区生态环境系统的敏感性低。

6.1.3 评价了三峡库区(重庆段)生态服务功能重要性

对研究区的生物多样性保护重要性、土壤保持重要性、水源涵养重要性、营养物质保持重要性几个单因子生态服务功能重要性评价的基础上，对研究区生态服务功能重要性的综合空间分异特征进行的分析与评价。

生物多样性保护高度重要以上地区的面积比例达到了 15％以上；极重要地区主要呈斑块状分布在东北部、中部和东南部。土壤保持极重要区占据绝对优势地位,面积比例为 68.80%;土壤保持极重要区主要分布在万州及其东北部地区。水源涵养一般重要区面积最大,其次为极重要地区;极重要区沿江河呈带状分布,高度重要区主要分布在极重要区两侧沿江河环带状分布。营养物质保持高度重要区面积最大;其次是极重区;极重要区基本沿江河、湖库两侧的小流域呈条带形分布;高度重要地区基本沿极重要区两侧大面积片状分布。生态系统服务功能极重要和高度重要区的面积占到了研究区总面积的 50%以上;极重要区基本沿主要江河两侧第一层分水岭和西部平行岭谷区的山脊呈条带形分布;高度重要区基本沿极重要区两侧呈环带形分布,少部分零散分布。

6.1.4　对三峡库区(重庆段)生态服务功能进行了定量遥感测量与机制评估

基于 RS 和 GIS 技术,经过对植被净初级生产力的估算,选取了有机物质生产、涵养水源、气体调节、营养物质循环、水土保持等五个服务功能作为三峡库区重庆段生态系统服务价值的评价指标,用八种植被类型来对三峡库区重庆段生态系统服务功能进行定量评估。

三峡库区(重庆段)植被 NPP 值为 $184.8 \sim 515.548 gC/m^2$。从时间序列上看,各年单位面积植被 NPP 的变化是呈现波动下降的趋势,季相变化为夏季>春季>秋季>冬季。生态系统服务价值的空间分布特征是:由大巴山山区所在的巫溪县、巫山县等及渝东南山区所在的奉节县、石柱县、武隆县等区域向忠县、涪陵区、及主城大片区域递减的趋势。生态系统服务价值构成情况是:从土地利用类型来看,各土地利用类型对单位面积服务价值的贡献率从大到小依次顺序为:阔叶林植被>灌丛和灌草丛>草甸>针叶林>耕地>经济林木>水生植被>水域。总服务价值量从大到小依次顺序是:有机物质生产的服务功能价值(28%);气体调节服务功能价值(27%),这两方面的贡献占主要地位。其次为水土保持,涵养水源,最低为营养物质循环。从生态系统服务功能时间序列的分析,1998~2007 年生态服务功能年价值总量由高到低依次为:2005 年、1998年、2003 年、2000 年、1999 年、2007 年、2004 年、2002 年、2001 年、2006年,而在 2000 年、2003 年、2005 年这三个峰值年限的下一年都会出现谷值,其中 2005 年最高。

6.1.5　研究了三峡库区(重庆段)生态环境容量与区域配置

从大气环境容量与配置、水环境容量与配置、土地环境容量与配置、生态容量与配置等几个方面进行了分析。在此基础上对区域生态环境总容量和配置进行了深入研究,并提出了调控措施。

　　三峡库区(重庆段)大部分地区的大气环境容量潜力堪忧。在制约大气环境容量的两大要素当中，SO_2 表现出了绝对的控制力。综合来看，大气污染物排放对三峡库区(重庆段)环境容量构成了显著制约。除了武隆县和石柱县，三峡库区(重庆段)其他大区域的水环境状况均处于超载状态。COD 要素环境容量从总体上看较为乐观，氨氮排放的水平已经达到或超出了区域的环境容纳能力，亟需出台相关措施和办法进行水环境修复。从开放生态系统的角度看，三峡库区(重庆段)整体上均具有较强的对外依赖性。生态系统的对外依存度与区域的社会经济发展水平呈显著的正相关性，经济发展得越好的区域一般情况下其生态系统的对外依存度就越高。由于采取了土地空间容量指标，所以绝大部分区域的土地环境容量均为正值。土地空间容量的另一个决定性因素(即农村空间容量)对土地综合空间容量不构成显著性制约。在综合环境容量层面，最小环境容量的值在总体上来看是由水环境容量决定的。在环境容量空间格局层面，总体趋势是武隆县和石柱县环境容量较高，江津、涪陵和长寿等区域环境容量较低。在环境数量特征方面，大部分地区大气环境容量为正值，除巫溪县其余 21 个区县均对外产生一定程度的依赖性，大部分的区县最小总环境容量为负值。三峡库区(重庆段)总体环境质量状况不容乐观。

　　针对主要的环境容量限定要素进行了分配，同时提出了区域生态系统的调控指标。重点是使水环境质量得以改善，尤其需要遏制三峡库区环境恶化的趋势。以着力改善水、大气、土地和生态系统健康水平，针对突出矛盾和主要问题，以生态文明观为指导，着力从四个方面进行突破：农村面源污染防治、工业排放监测与控制、城市污染整治、次级河流水污染综合治理。

6.2　本书特色

　　三峡库区具有重要的生态地理位置。生态环境问题已经成为影响这一地区生态安全和社会经济健康发展的关键因子和亟待解决的问题。本书的研究具有典型性和代表性。针对目前缺乏三峡库区生态环境综合研究的现状，本书选择三峡库区这一典型生态系统敏感和脆弱区的生态环境问题作为研究对象，在生态学、环境科学、地理学的理论和方法的指导下，借助遥感与 GIS 技术，研究贯穿了生态环境现状−生态环境敏感性−生态服务功能重要性−生态服务价值评估−生态环境容量及其区域配置等众多研究视角。本书的研究结论对认识和理解三峡库区(重庆段)这一典型的生态环境敏感和脆弱区生态环境问题的基本规律及其内在机制，丰富和推动区域生态环境问题的综合研究，对进一步研究三峡库区乃至整个长江流域的生态安全与区域社会经济的可持续发展都具一定的理论和实践意义。

6.3　不足及展望

由于资料可获取性的影响,研究时限有一定的局限性;一些基础数据均由遥感影像解译得到,遥感数据解译本身存在误差必然会影响分析结果的准确性;由于生态环境系统本身是一个复杂的系统,本身法穷尽生态环境问题研究的方方面面。但本书的研究在一定程度上揭示了三峡库区(重庆段)生态环境的基本现状、存在问题、基本特征与规律,对深入认识和研究区生态环境系统的内在规律具有一定意义;由于时间和精力的限制,对生态环境问题产生的驱动机制及其响应问题还未做深入分析。因此,广泛收集整理三峡库区相关数据,建设三峡库区多源数据库,丰富数据源;深入分析三峡库区生态环境问题的发生发展的动力学机制,尝试从本质特征上研究生态环境系统演化的内在动因;发展定量模型模拟与预测三峡库区生态环境问题及其响应;探讨三峡库区生态环境保护与建设的途径与措施也是今后努力的方向。

参 考 文 献

白雪, 马克明, 杨柳, 等. 2008. 三江平原湿地保护区内外的生态功能差异 [J]. 生态学报, 28(2): 620-626

陈丁江. 2007. 河流水环境容量的估算和分配研究 [J]. 水土保持学报, 21(3): 123-127

陈润政, 黄上志, 宋松泉, 等. 1998. 植物生理学 [M]. 广州: 中山大学出版社

陈引珍. 2007. 三峡库区森林植被水源涵养及其保土功能研究 [D]. 北京: 北京林业大学博士学位论文

陈仲新, 张新时. 2000. 中国生态系统效益的价值 [J]. 科学通报, 45(1): 17-22

程炜, 魏东星, 杨云飞. 2002. 大气污染物区域总量控制目标确定方法的研究 [J]. 环境导报, (01)

重庆市统计局. 2010. 重庆统计年鉴(2010) [M]. 北京: 中国统计出版社

崔丽娟, 赵欣胜. 2004. 鄱阳湖湿地生态能值分析研究 [J]. 生态学报, 24(7): 1480-1485

杜自强, 荣荣, 程文仕, 等. 2011. 甘肃省粮食和耕地变化及其趋势分析 [J]. 干旱区资源与环境, 25(10): 52-67

窦闻, 史培军. 2003. 生态资产评估静态部分平衡模型的分析与改进 [J]. 自然资源学报, 18(5). 626-634

董丹, 倪健. 2011. 利用 CASA 模型模拟西南喀斯特植被净第一性生产力 [J]. 生态学报, 31(7): 1855-1866

傅伯杰, 周国逸, 白永飞, 等. 2009. 中国主要陆地生态系统服务功能与生态安全 [J]. 地球科学进展, 24(6): 571-576

付意成, 徐文新, 付敏, 等. 2010. 我国水环境容量现状研究 [J]. 中国水利, 1: 26-31

高国栋, 陆渝蓉, 李怀瑾. 1978. 我国最大可蒸发量的计算和分布 [J]. 地理学报, 33(2): 102-111

高旺盛, 董孝斌. 2003. 黄土高原丘陵沟壑区脆弱农业生态系统服务评价—以安塞县为例 [J]. 自然资源学报, 18(2): 182-188

高旺盛, 陈源泉, 董孝斌. 2003. 黄土高原生态系统服务功能的重要性与恢复对策探讨 [J]. 水土保持学报, 17(2): 59-61

国家环境保护总局. 2003. 规划环境影响评价技术导则(HJ/T130-2003) [S]. 北京: 中国环境科学出版社

国家环境保护总局自然保护局. 1999. 中国生态问题报告 [M]. 北京: 中国环境科学出版社

何斌, 秦武明. 2006. 马占相思人工林不同年龄阶段水源涵养功能及其价值研究 [J]. 水土保持学报, 20(5): 5-27

何隆华, 杨宏伟, 周修萍. 1998. 地理信息系统与生态系统对酸沉降相对敏感性评价 [J]. 环境科学学报, 18(2): 177-180

胡康萍, 许振成. 1999. 水体污染物允许排放总量分配方法研究 [J]. 中国环境科学, 11, (6): 447-450

胡艳琳. 2005. 基于 GIS 下宁波天童森林生态系统服务价值评估研究 [D]. 上海: 华东师范大学博士学位论文

黄真理, 李玉梁, 李锦秀, 等. 2004. 三峡水库水环境容量计算 [J]. 水利学报, (3): 7-14

季劲钧, 黄玫, 刘青. 2005. 气候变化对中国中纬度半干旱草原生产力影响机理的模拟研究 [J]. 气象学报, 63(3): 57-266

贾良清, 欧阳志云, 赵同谦, 等. 2005. 安徽省生态功能区划研究 [J]. 生态学报, 25(2): 254-260

靳英华, 赵东升, 杨青山, 等. 2004. 吉林省生态环境敏感性分区研究 [J]. 东北师范大学学报(自然科学

版)，36(2)：68—74

姜立鹏，覃志豪，谢雯，等.2007.中国草地生态系统服务功能价值遥感估算研究［J］.自然资源学报，22
　　(2)：161—170

姜永华，江洪.2009.森林生态系统服务价值的遥感估算——以杭州市余杭区为例［J］.测绘科学，34(6)：
　　155—158

蒋延玲，周广胜.1999.中国主要森林生态系统公益的评估［J］.植物生态学报，23(5)：426—432

柯金虎，朴世龙，方精云.2003.长江流域植被净第一性生产力及其时空格局研究［J］.植物生态学报，27
　　(6)：744—770

李东海.2008.基于遥感和GIS的东莞市生态系统服务价值评估研究［D］.广州：中山大学博士学位论文

李东梅，吴晓青，于德永，等.2008.云南省生态环境敏感性评价［J］.生态学报，28(11)：5270—5278

李贵才.2004.基于MODIS数据和光能利用率模型的中国陆地净初级生产力估算研究［D］.北京：中国科
　　学院遥感应用研究所博士学位论文

李金昌，姜文来.1999.生态价值论［M］.重庆：重庆大学出版社

李如忠，钱家忠，汪家权.2003.水污染物允许排放总量分配方法研究［J］.水利学报，(5)：112—115

李少宁.2007.江西省暨大岗山森林生态系统服务功能研究［D］.北京：中国林业科学研究院博士学位论文

李士美，谢高地，张彩霞，等.2010.森林生态系统土壤保持价值的年内动态［J］.生态学报，30(13)：
　　3482—3490

李翔，许兆义，孟伟.2005.城市生态承载力研究［J］.中国安全科学，15(2)：25—27

李文楷，李天宏，钱征寒.2008.深圳市土地利用变化对生态服务功能的影响［J］.自然资源学报，23(3)：
　　440—446

李月臣，刘春霞，赵纯勇，等.2008.三峡库区(重庆段)水土流失的时空格局特征［J］.地理学报，63(5)：
　　502—513

李月臣，刘春霞，赵纯勇，等.2009a.三峡库区(重庆段)土壤侵蚀敏感性评价及其空间分异特征［J］.生态
　　学报，29(2)：788—796

李月臣，刘春霞，汪洋，等.2009b.重庆市生境敏感性评价研究［J］.重庆师范大学学报(自然科学版)，26
　　(1)：30—34

刘春霞，李月臣，杨华，等.2011.三峡库区重庆段生态与环境敏感性综合评价［J］.地理学报，66(5)：
　　631—642

刘康，欧阳志云，王效科，等.2003.甘肃省生态环境敏感性评价及其空间分布［J］.生态学报，23(12)：
　　2712—2718

刘敏超，李迪强.2006.三江源地区生态系统水源涵养功能分析及其价值评估［J］.长江流域资源与环境，
　　15(3)：405—408

刘青.2007.江河源区生态系统服务价值与生态补偿机制研究［D］.南昌：南昌大学博士学位论文

刘晓辉，吕宪国，姜明，等.2008.湿地生态系统服务功能的价值评估［J］.生态学报，28(11)：5625
　　—5631

刘学全，唐万鹏，崔鸿侠.2009.丹江口库区主要植被类型水源涵养功能综合评价［J］.南京林业大学学报
　　(自然科学版)，33(1)：59—63

孟广涛，方向京，李贵祥，等.2007.云南金沙江流域不同植被类型水源涵养能力分析［J］.水土保持研究，
　　14(4)：160—163

闵庆文，谢高地，胡聃，等.2004.青海草地生态系统服务功能的价值评估［J］.资源科学，26(3)：56—60

苗茜.2010.长江流域植被净初级生产力对未来气候变化的响应 [J].自然资源学报,25(8):1296−1305

莫菲,李叙勇,贺淑霞,等.2011.东灵山林区不同森林植被水源涵养功能评价 [J].生态学报,31(17):
    5009−5016

欧阳志云,王效科,苗鸿.2000.中国生态环境敏感性及其区域差异规律研究 [J].生态学报,20(1):
    9−12

欧阳志云,王如松,赵景柱.1999a.生态系统服务功能及其生态经济价值评价 [J].应用生态学报,10(5):
    635−640

欧阳志云,王效科,苗鸿.1999b.中国陆地生态系统服务功能及其生态经济价值的初步研究 [J].生态学
    报,19(5):607−613

欧阳志云,肖寒.2002.海南岛生态系统服务功能及其生态价值研究 [M].北京:气象出版社

潘耀忠,史培军,朱文泉,等.2004.中国陆地生态系统生态资产遥感定量测量 [J].中国科学(D辑),34
    (4):375−384

彭少麟,郭志华,王伯荪.2000.利用 GIS 和 RS 估算广东植被光利用率 [J].生态学报,20(6):903−909

齐晔,Hall C A S.1995.全球变化研究中的生物圈模型 I——初级生产力模拟//李博主编:现代生态学讲
    座 [M].北京:科学出版社

全为民,张锦平,平仙隐,等.2007.巨牡蛎对长江口环境的净化功能及其生态服务价值 [J].应用生态学
    报,18(4):871−876

邵田,张浩,邹锦明,等.2008.三峡库区(重庆段)生态系统健康评价 [J].环境科学研究,21(2):
    99−104

石瑾,张培栋.2007.甘肃子午岭森林生态系统服务功能及其价值评估 [J].林业经济,10:69−71

石培礼,吴波,程根伟,等.2004.长江上游地区主要森林植被类型蓄水能力的初步研究 [J].自然资源学
    报,19(3):351−360

孙新章,周海林,谢高地.2007.中国农田生态系统的服务功能及其经济价值 [J].中国人口资源与环境,
    17(4):55−60

汤小华,王春菊.2006.福建省土壤侵蚀敏感性评价 [J].福建师范大学学报(自然科学版),22(4):1−4

王爱玲,朱文泉,李京,等.2007.内蒙古生态系统服务价值遥感测量 [J].地理科学,27(3)325−330

王兵,鲁绍伟,尤文忠,等.2010.辽宁省森林生态系统服务价值评估 [J].应用生态学报,21(7):
    1792−1798

王建洪,任志远,苏亚丽.2012.基于生态足迹的 1997～2009 年西安市土地生态承载力评价 [J].干旱地区
    农业研究,30(1):224−229

王玉涛,郭卫华,刘建,等.2009.昆仑山自然保护区生态系统服务功能价值评估 [J].生态学报,29(1):
    523−531

王媛.2008.基尼系数法在水污染物总量区域分配中的应用 [J].中国人口·资源与环境,18(3):177−180

王治江,李培军,万忠成,等.2007.辽宁省生态系统服务重要性评价 [J].生态学杂志,26(10):
    1606−1610

魏兴萍.2010.基于 PSR 模型的三峡库区重庆段生态安全动态评价 [J].地理科学进展,29(9):1095
    −1099

吴岚.2007.水土保持生态服务功能及其价值研究 [D].北京:北京林业大学博士学位论文

吴悦颖,李云生,刘伟江.2006.基于公平性的水污染物总量分配评估方法研究 [J].环境科学研究,19
    (2):66−70

谢高地，鲁春霞，成升魁.2001a.全球生态系统服务功能价值评估研究进展 [J].资源科学，11(6)：5—9

谢高地，张镱锂，鲁春霞，等.2001b.中国自然草地生态系统服务价值 [J].自然资源学报，16(1)：
  47—53

谢高地，肖玉，鲁春霞.2006.生态系统服务研究：进展、局限和基本范式 [J].植物生态学报，30(2)：
  191—199

谢欣，吴华超.2008.重庆直辖十年可持续发展状况的生态足迹分析 [J].重庆工商大学学报(西部论坛)，
  18(5)：43—47

肖寒，欧阳志云，赵景柱，等.2000.海南岛生态系统土壤保持空间分布特征及生态经济价值评估 [J].生
  态学报，20(4)：552—558

肖荣波，欧阳志云，王效科，等.2005.中国西南地区石漠化敏感性评价及其空间分析 [J].生态学杂志，
  24(5)：551—554

辛琨.2001.生态系统服务功能价值估算——以辽宁省盘锦地区为例 [D].沈阳：中国科学院沈阳应用生态
  研究所博士学位论文

薛达元，包浩生，李文华.1999.长白山自然保护区生物多样性旅游价值评估研究 [J].自然资源学报，14
  (20)：140—145

杨志新，郑大玮，文化.2005.北京郊区农田生态系统服务功能价值的评估研究 [J].自然资源学报，20
  (4)：564—571

杨子生.1999.滇东北山区坡耕地土壤流失方程研究 [J].水土保持通报，19(1)：1—9

叶其炎，杨树华，陆树刚，等.2006.玉溪地区生物多样性及其生境敏感性分析 [J].水土保持研究，13
  (6)：75—78

叶雪梅，郝吉明，段雷，等.2002.中国地表水酸化敏感性的区划 [J].环境科学，23(1)：16—21

于德永，潘耀忠，龙中华，等.2006.基于遥感技术的云南省生态系统水土保持价值测量 [J].水土保持学
  报，20(2)：174—178

于格，鲁春霞，谢高地，等.2007.青藏高原草地生态系统服务功能的季节动态变化 [J].应用生态学报，
  18(1)：47—51

于雷.2008.河流水环境容量一维计算方法 [J].水资源保护，24(1)：39—41

于新晓，鲁绍伟，靳芳，等.2005.中国森林生态系统服务功能价值评估 [J].生态学报，25(8)：
  2096—2102

岳书平，张树文，闫业超.2007.东北样带土地利用变化对生态服务价值的影响 [J].地理学报，62(8)：
  879—886

周伏建，陈明华，林福兴.1995.福建省降雨侵蚀力指标 R 值 [J].水土保持学报，9(1)：13—18

周可法，陈曦.2004.干旱区生态资产遥感定量评估模型研究 [J].干旱区地理，27(4)：492—497

周孝得，郭瑾珑，程文，等.1999.水环境容量计算方法研究 [J].西安理工大学学报，15(3)：1—6

周修萍.1996.我国东部七省生态系统对酸雨沉降的相对敏感性 [J].农村生态环境，12(1)：1—5

赵同谦，欧阳志云，贾良清，等.2004a.中国草地生态系统服务功能间接经济价值评价 [J].生态学报，24
  (6)：1101—1110

赵同谦，欧阳志云，郑华，等.2004b.中国森林生态系统服务功能及其价值评价 [J].自然资源学报，19
  (4)：480—491

赵雪雁，刘霜，李巍.2010.基于人粮关系的土地资源承载力研究——以甘南藏族自治州为例 [J].西北师
  范大学学报(自然科学版)，46(6)：100—103

赵英时.2003.遥感应用分析原理与方法［M］.北京：科学出版社

郑凌云，张佳华.2007.草地净第一性生产力估算的研究进展［J］.农业工程学报，01(54)：279－285

朱文泉.2005.中国陆地生态系统植被净初级生产力遥感估算及其与气候变化关系的研究［D］.北京：北京师范大学博士学位论文

朱文泉，陈云浩，潘耀忠，等.2004.基于 GIS 和 RS 的中国植被光利用率估算［J］.武汉大学学报(信息科学版)，29(8)：694－698

朱文泉，潘耀忠，张锦水.2007.中国陆地植被净初级生产力遥感估算［J］.植物生态学报，31(3)：413－424

朱文泉，高清竹，段敏捷，等.2011.藏西北高寒草原生态资产价值评估［J］.自然资源学报，26(3)：419－428

张俊，佘宗莲，王成见，等.2003.大沽河干流青岛段水环境容量研究［J］.青岛海洋大学学报，33(5)：665－670

张家贤，田一平，孙瑞林，等.1991.河流水环境容量及其计算方法［J］.环境科学与技术，2：7－12

张可云，傅帅雄，张文彬.2011.基于改进生态足迹模型的中国 31 个省级区域生态承载力实证研究［J］.地理科学，31(9)：1084－1088

张明阳，王克林，等.2009.喀斯特生态系统服务功能遥感定量评估与分析［J］.生态学报，29(11)：5892－5901

张新时.2000.中国生态系统效益的价值［J］.科学通报，45(1)：17－23

张永良.1991.水环境容量综合手册［M］.北京：清华大学出版社

张朝晖，吕志斌.2007.桑沟湾海洋生态系统的服务价值［J］.应用生态学报，18(11)：2540－2547

张志强，徐中民，程国栋，等.2001.中国西部 12 省(区、市)的生态足迹［J］.地理学报，56(5)：599－510

中国科学院学部.2008.关于加强三峡库区生态与环境问题及对策研究的建议［J］.中国科学院院刊，23(1)：58－61

Alexander A M，List J A，Margolis A，et al. 1998. A method for valuing global ecosystem services［J］. Ecological Economics，27(2)：161－170

Bjorklund J，Limburg K，Rydberg T. 1999. Impact of production intensity on the ability of the agricultural landscape to generate ecosystem services：an example from Sweden［J］. Ecological Economics，29：269－291

Bolund P，Hunhammar S. 1999. Ecosystem services in urban areas［J］. Ecological Economics，29：293－301

Constanza R，Arge R，Groot R D，et al. 1997. The value of the world's ecosystem services and natural capital［J］. Nature，387：253－260

Dai H C，Zheng T G，Liu D F. 2010. Effects of reservoir impounding on key ecological factors in the Three Gorges region［J］. Procedia Environmental Sciences，2：15－24

Daily G C. 1997. Nature's Service：Societal dependence on natural ecosystems［M］. Washington DC：Island Press

Deutsch L，Folke C，Skanberg K. 2003. The critical natural capital of ecosystem performance as insurance for human well-being［J］. Ecological Economics，44(2)：205－217

Dobson，Andy P，et al. 1997. Hopes for the future：restoration ecology and conservation ecology［J］. Science，233：515－524

Ehrlich P R，Ehrlich A H. 1981. Extinction ［M］. New York：Ballantine

Ehrlich P R，Ehrlich A H. 1992. The value of biodiversity ［J］. Ambio，21：219—226

Fleld C B，Behrenfeld M J，Randerson J T，et al. 1998. Primary production of the biosphere：Integrating terrestrialand oceanic components ［J］. Science，281：237—240

Fourniadis I G，Liu J G，Mason P J. 2007. Landslide hazard assessment in the Three Gorges Area，China，using ASTER imagery：Wushan-Badong ［J］. Geomorphology，84：126—144

Gao Q Z，Li Y，Wan Y F，et al. 2009. Dynamics of alpine grassland NPP and its response to climate change in northern Tibet ［J］. Climatic Change，doi：10. 1007/10584—009—9617

Holdren J P，Ehrlich P R. 1974. Human population and the global environment ［J］. American Scientist，62：282—292

Holmund C，Hammer M. 1999. Ecosystem services generated by fish populations ［J］. Ecological Economics，29：253—268

Hornung M，Bull K R，Cresser M，et al. 1995. The sensitivity of surface waters of Great Britain to acidification predicted from catchment characteristics ［J］. Environmental Pollution，87：207—214

http：//ks. cn. yahoo. com/question/1307021403605. html

http：//www. build. com. cn/hangyedongtai/ShowArticle. asp：ArticleID=1899

Jabbar M T，Shi Z H，Wang T W. 2006. Vegetation change prediction with geo-information techniques in the Three Gorges Area of China ［J］. Pedosphere，16(4)：457—467

Kobert. Costanza，Ralphd' Arge. 1997. The value of the word' s ecosystem services and natural capital ［J］. Nature，Vol. 387

Le Maitre D C，Milton S J，Jarmain C. 2007. Linking ecosystem services and water resources：Landscape-scale hydrology of the Little Karoo ［J］. Frontiers in Ecology and the Environment，5 (5)：261—270

London J，Park J. 1970. Man's impact on the global environment：assessment andrecommendations for action report of the study of critical problems ［M］. Cambridge MA：MIT Press

Maeler K G，Aniyar S，Jansson A. 2008. Accounting for ecosystem services as a way to understand the requirements for sustainable development ［J］. Proceedings of the National Academy of Sciences of the United States of America，105(28)：9501—9506

Millennium. 2003. Ecosystem assessment series. Ecosystems and human well-being：A framework for assessment ［M］. Washington D C：Island Press

Mitsch William J，Lu J J，Yuan X Z，et al. 2008. Optimizing ecosystem services in China ［J］. Science，322 (5901)：528

Potter C S，Randerson J T，Field C B，et al. 1993. Terrestrial ecosystem production：A processmodel based on global satellite and surface data ［J］. Global Biogeochemical Cycles，7：811—841

Rapport D J，Costanza R，McMichael A J. 1998. Assessing ecosystem health ［J］. Trends in Ecology and Evolution，13：397—402

Running S W，Thornton P E，Nemani R，el al. 2000. Global terrestrial gross and net primary productivity from the Earth observing system ［A］. Sala O，Jackson R，Mooney H. Methods in Ecosystem Science ［C］. NewYork：Springer Verlag，44—57

Schimel D S，Enting I G，Heimann M，et al. 1995. CO_2 and the carbon cycle ［C］. Climate change 1994 Intergovernmental panel on climate change). Cambridge: Cambridge University Press

Tao F L, Feng Z W. 2000. Terrestrial ecosystem sensitivity to acid deposition in South China [J]. Water, Air & Soil Pollution, 118: 231—243

Trivedi P R. 2000. Global biodiversity. [M]. Delphi: Authors Press

Walker B H, Steffen W L, Canadell J, et al. 1997. The terres-trial biosphere and global change: Implications for natural and managed ecosystems: A synthesis of GCTE and related research [Z]. IGBP Book Series Number

Westman W E. 1977. How much are nature's services worth [J]. Science, 197: 960—964